信息与计算科学教学丛书

现代计算方法

严国义　高文良　李圆媛　主编

科 学 出 版 社
北 京

内 容 简 介

本书系统介绍最小二乘法、聚类分析算法、快速傅里叶变换算法、遗传算法、禁忌搜索算法、神经网络算法、差分进化算法、粒子群算法、期望最大化算法、马尔可夫链蒙特卡罗算法、模拟退火算法等现代智能算法的模型与理论，注重各种算法的MATLAB实现，强调应用技术，并给出了相应的应用案例.

全书共11章，介绍各种现代计算方法。各章既有联系，又有一定的独立性，可以根据需要，有选择地进行学习.每一章介绍算法时，既注重数学思想和方法的系统表述，又结合丰富的应用实例，在应用中体现各种算法的精髓.

本书可作为数学、管理科学、计算机科学、材料学等学科中相关专业的研究生教材，可作为本科生"数值计算方法"课程的后继学习教材或大学生数学建模算法培训教材，也可供相关专业研究人员参考.

图书在版编目(CIP)数据

现代计算方法/严国义，高文良，李圆媛主编.—北京：科学出版社，2017.4

(信息与计算科学教学丛书)

ISBN 978-7-03-052534-5

Ⅰ.现… Ⅱ.①严… ②高… ③李… Ⅲ.计算方法 Ⅳ.O24

中国版本图书馆CIP数据核字(2017)第076186号

责任编辑：谭耀文 冯桂层/责任校对：董艳辉

责任印制：徐晓晨/封面设计：苏 波

科学出版社出版

北京东黄城根北街16号

邮政编码：100717

http://www.sciencep.com

北京凌奇印刷有限责任公司印刷

科学出版社发行 各地新华书店经销

*

开本：787×1092 1/16

2017年4月第 一 版 印张：11 1/4

2020年1月第二次印刷 字数：264 000

POD定价： 43.00元

(如有印装质量问题，我社负责调换)

前　言

在数学课程的课堂教学中，学生经常提这样一个问题：学这些内容有什么用？学生的疑问有两层意思：一是这些理论知识能解决什么实际问题；二是这些理论知识根本无法直接解决面临的实际问题．不会求解由实际问题得出的一个方程或一个方程组，一点也不奇怪，特别是高次方程(组)或非线性方程(组)．积分要求被积函数有较“好”的性质，否则，积不出来该积分，司空见惯．常微分方程就那几种可解类型．一个函数求最值，往往要求函数有较好的解析性质，比如连续性、可微性，甚至高阶可微性．即便如此，求得的还可能只是函数局部极值……虽然这些问题在后继的“数值分析”课程中得到了较好的解决，但远不能说，得到完全解决．

从18世纪60年代开始，人类的发展经历了三次科技革命．以计算机的诞生为标志的第三次技术革命，使人类社会进入了信息化时代．随着计算机技术的发展和成熟，我们的生活和工作越来越依赖信息技术，数学和数值计算的发展也不例外．现代社会成千上万次的迭代计算在计算机技术发展初期都是不可想象的，大数据、云计算对计算机优良性能的依赖更是无以复加．在强调计算机工具作用的同时，算法在解决实际问题中的核心作用和主体地位是有目共睹的，算法成为解决问题的关键之一．“算法设计与分析”是计算机科学的重要主题．没有一个好的算法设计，一个最常见的错误就是内存溢出，耗费大量的计算成本．为着特定目的设计的算法各式各样，如精确算法、并行算法、近似算法、随机化算法、现代优化算法等．算法分析是另一个重要主题．比如，算法的时间和空间复杂分析、结果质量分析、结果效益分析等都是算法分析的重要方面．

本书所介绍的算法大多产生于20世纪后期，这些方法应用广泛．但对于绝大多数研究者而言，使用时基本上是直接调用工具箱或程序包，应用这些算法时几乎是面临一个黑箱，运算的中间过程不得而知，这样十分不利于有自己特定计算要求的研究人员使用该算法．本书不刻意介绍这些算法过于抽象的理论知识，而是专心于这些算法的MATLAB程序实现，使这些算法程序经过简单的修改，即可满足人们特定的需求．这些算法汇集在一起，可方便进行比较鉴别，依据实际问题灵活选择算法．当然，不同算法涉及内容非常广泛，各种算法变化迅速，发展推广很快，因此，由于内容所限，对这些算法只能做基本介绍，基本没有涉及推广和改进．还有一些很常用算法，我们没有包括进来．本书可作为数学、管理科学、计算机科学、材料学等学科中相关专业的研究生教材，可作为本科生“数值计算方法”课程的后继学习教材或大学生数学建模算法培训教材，也可供相关专业研究人员参考．

本书由严国义、高文良、李圆媛主编．其中，第1章由郭光耀编写，第2章由戴祖旭编写，第 3 章由付敏编写，第 4、5 章由高文良编写，第 6 章由刘为凯编写，第 7、8 章由李圆媛编写，第 9 章由张晶编写，第 10、11 章及附录 A 由严国义编写，习题解答由各章负责老师编写，最后由严国义统稿、定稿.

本书的出版得到了武汉工程大学研究生处领导的大力支持. 作为高文良博士主持教改项目(研究生精品课程项目 KC2015008)内容的一部分，本书的出版一定会对研究生的教学工作起到积极作用.

由于编者的经验所限，书中不足和纰漏在所难免，敬请专家学者不吝指正.

编　者

2017 年 1 月

目　　录

第 1 章　最小一乘法 …… 1

1.1　最小一乘法概述 …… 1

1.1.1　最小一乘法的提出 …… 1

1.1.2　最小一乘法的原理 …… 2

1.1.3　最小一乘法的估计量及其稳健性分析 …… 3

1.2　最小一乘法的计算 …… 4

1.2.1　回归直线恰好过坐标原点情形 …… 4

1.2.2　一般回归直线情形 …… 6

1.3　最小一乘法的检验 …… 9

1.4　最小一乘法解决多元线性回归问题简介 …… 10

习题 1 …… 10

第 2 章　聚类分析算法 …… 12

2.1　模式相似性测度 …… 12

2.1.1　距离测度研究 …… 12

2.1.2　相似测度研究 …… 13

2.2　类定义与类间距离 …… 13

2.2.1　类的定义 …… 13

2.2.2　类间距离的测度方法 …… 13

2.2.3　聚类的准则函数 …… 14

2.3　聚类算法 …… 14

2.3.1　简单聚类法 …… 14

2.3.2　谱系聚类法 …… 15

2.3.3　c-均值聚类法 …… 15

2.4　MATLAB 解题举例 …… 16

习题 2 …… 17

第 3 章　快速傅里叶变换算法 …… 19

3.1　一维离散傅里叶变换 …… 19

3.2　频域抽取的基 2FFT 算法 …… 21

习题 3 …… 26

第 4 章 遗传算法 …… 27
4.1 遗传算法概述 …… 27
4.2 遗传算法举例 …… 30
习题 4 …… 42

第 5 章 禁忌搜索算法 …… 43
5.1 禁忌搜索算法概述 …… 43
5.2 禁忌搜索算法举例 …… 45
习题 5 …… 51

第 6 章 神经网络算法 …… 52
6.1 BP 神经网络 …… 52
6.1.1 BP 神经网络原理 …… 52
6.1.2 BP 神经网络训练 …… 53
6.1.3 T-S 模糊神经网络 …… 54
6.1.4 基于 BP 神经网络的变量筛选实例 …… 55
6.2 RBF 神经网络 …… 59
6.2.1 RBF 神经网络原理 …… 59
6.2.2 基于 RBF 神经网络的应用实例 …… 60
6.3 组建神经网络的注意事项 …… 64
6.3.1 神经元节点数 …… 64
6.3.2 数据预处理和后期处理 …… 65
6.3.3 学习速率的选定 …… 66
习题 6 …… 66

第 7 章 差分进化算法 …… 68
7.1 差分进化算法概述 …… 68
7.2 差分进化算法基本流程 …… 68
7.3 差分进化算法举例 …… 70
7.4 控制参数对算法性能的影响 …… 73
习题 7 …… 74

第 8 章 粒子群算法 …… 75
8.1 粒子群算法概述 …… 75
8.2 粒子群算法基本流程 …… 75
8.3 粒子群算法举例 …… 77
8.4 控制参数对算法性能的影响 …… 80
习题 8 …… 81

第 9 章 期望最大化算法 …… 82
9.1 最大似然估计 …… 82
9.2 期望最大化算法原理及基本步骤 …… 82
9.3 期望最大化算法举例 …… 84
9.4 期望最大化算法的收敛性 …… 86
习题 9 …… 86

第 10 章 马尔可夫链蒙特卡罗算法 …… 88
10.1 MCMC 算法的基本原理 …… 88
10.1.1 马尔可夫链的有关概念 …… 89
10.1.2 马尔可夫链的性质 …… 90
10.2 基于 MCMC 的吉布斯随机模拟抽样方法 …… 91
10.2.1 MCMC 算法的基本思想与步骤 …… 91
10.2.2 吉布斯抽样 …… 92
10.3 MCMC 算法的应用举例 …… 94
10.3.1 贝叶斯推断中的积分问题 …… 94
10.3.2 有关 MCMC 算法的一些说明 …… 98
习题 10 …… 98

第 11 章 模拟退火算法 …… 100
11.1 模拟退火算法基本原理 …… 100
11.1.1 统计物理思想 …… 100
11.1.2 米特罗波利斯准则 …… 101
11.2 模拟退火算法求解步骤 …… 102
11.2.1 基本步骤与算法流程 …… 102
11.2.2 算法特点 …… 104
11.3 模拟退火算法应用 …… 104
11.4 模拟退火算法的改进 …… 110
习题 11 …… 110

习题解答 …… 112
习题 1 解答 …… 112
习题 2 解答 …… 112
习题 3 解答 …… 121
习题 4 解答 …… 121
习题 5 解答 …… 125
习题 6 解答 …… 133
习题 7 解答 …… 136

习题 8 解答 …… 137
习题 9 解答 …… 138
习题 10 解答 …… 141
习题 11 解答 …… 141

参考文献 …… 145

附录 A MATLAB 软件基础知识 …… 146
A1 MATLAB 基本功能 …… 146
A2 MATLAB 的特点 …… 146
A3 MATLAB 工作环境 …… 147
A3.1 搜索路径管理 …… 147
A3.2 工作环境管理 …… 148
A4 MATLAB 中的常量、特殊变量与特殊符号 …… 148
A4.1 常量与特殊变量 …… 148
A4.2 特殊符号 …… 148
A5 MATLAB 常用函数 …… 149
A6 MATLAB 中的向量与矩阵 …… 151
A7 矩阵的运算 …… 154
A8 数组运算 …… 161
A9 设置输出格式 …… 161
A10 程序设计入门 …… 162
A10.1 变量 …… 162
A10.2 基本语句 …… 163
A10.3 MATLAB 程序 m 文件 …… 165
A10.4 函数语法结构 …… 166
A10.5 函数编写示例 …… 167
A11 二维作图 …… 168

第1章　最小一乘法

1.1　最小一乘法概述

1.1.1　最小一乘法的提出

在研究最小一乘法时，必须了解两个相关的概念：回归分析与最小二乘法.

回归分析处理的是变量与变量之间的关系。变量间的关系主要有两类：第一类是确定性关系，如一个圆的面积与半径的关系：$S=\pi R^2$，变量间的关系可以用函数 $y=f(x)$ 表示；第二类称为相关关系，变量间有关系，但是不能确切到用函数来表示. 第二类关系也大量存在，如父亲与儿子的身高的关系，高个子的父亲一般生高个子儿子，低个子父亲一般儿子也是低个子，但同样身高的父亲，儿子身高一般是不同的。这时主要寻找在平均意义下，变量间近似的函数关系，这就是回归分析的主要任务.

下面考虑一般的回归分析模型. 设变量 y 与变量 $x_1,x_2,\cdots,x_p$ 有相关关系，称 $x_1,x_2,\cdots,x_p$ 为自变量或预报变量，y 为因变量或响应变量. 当 $x_1,x_2,\cdots,x_p$ 取定后，y 的取值并不是确定的. 实际上，y 的取值由两部分组成，一部分是由 $x_1,x_2,\cdots,x_p$ 能够决定的，而另一部分主要由其他各种随机因素组成，对这些不同原因对 y 造成的影响，本章不再区别，一起称为随机误差，记为 ε. 于是变量 y 与变量 $x_1,x_2,\cdots,x_p$ 之间的相关关系模型为

$$y=f(x_1,x_2,\cdots,x_p)+\varepsilon,$$

其中，ε 是随机变量，一般假设 $E(\varepsilon)=0$，这里 $E(\cdot)$ 表示求数学期望，从而平均而言，

$$E(y)=f(x_1,x_2,\cdots,x_p),$$

函数 $f(x_1,x_2,\cdots,x_p)$ 称为理论回归函数，$y=f(x_1,x_2,\cdots,x_p)$ 称为回归方程.

实际上，最重要、理论上发展最完善的回归方程是 $f(x_1,x_2,\cdots,x_p)$，为线性函数，即 $f(x_1,x_2,\cdots,x_p)=a+b_1x_1+\cdots+b_px_p$，称为线性回归，当 $p=1$ 时，称为一元线性回归，本章主要讨论一元线性回归.

考虑 $p=1$ 时的一元线性回归，其回归模型为

$$y=a+bx+\varepsilon,\quad E(\varepsilon)=0,\quad 0<D(\varepsilon)=\sigma^2<\infty. \tag{1.1}$$

其中，总假定自变量 x 为非随机的，其值可以精确测量或严格控制，a,b 是未知参数，a 是直线的截距，b 是直线的斜率，称为回归系数，这里 b 表示 x 每增加一个单位 $E(y)$ 的增加量.

现收集一个容量为 n 的样本，其数据为 $(x_1,y_1),(x_2,y_2),\cdots,(x_n,y_n)$，一般而言，需要观察独立地进行，即假定 $y_1,y_2,\cdots,y_n$ 相互独立，则数据模型为

$$y_i=a+bx_i+\varepsilon_i\quad(i=1,2,\cdots,n),$$

其中 ε_i 是第 i 次观察随机误差 ε 之值，它是不能被观察到的，对 ε_i 的假设通常为：各 ε_i 独立同分布，其分布为 $N(0,\sigma^2)$.

由数据 (x_i, y_i) $(i=1,2,\cdots,n)$，可以获得 a,b 的估计 $\hat{a},\hat{b}$，即 $\hat{y}=\hat{a}+\hat{b}x$，最常用的方法就是所谓的最小二乘法.

令目标函数

$$Q(a,b)=\sum_{i=1}^{n}(y_i-a-bx_i)^2, \tag{1.2}$$

取 $\hat{a},\hat{b}$ 满足

$$Q(\hat{a},\hat{b})=\min_{a,b}Q(a,b).$$

称这样得到的 $\hat{a},\hat{b}$ 分别为 a,b 的最小二乘估计. 利用多元函数极值理论可得

$$\begin{cases}\dfrac{\partial Q}{\partial a}=-2\sum\limits_{i=1}^{n}(y_i-a-bx_i)=0,\\ \dfrac{\partial Q}{\partial b}=-2\sum\limits_{i=1}^{n}(y_i-a-bx_i)x_i=0,\end{cases}$$

解得

$$\begin{cases}\hat{b}=\dfrac{\sum\limits_{i=1}^{n}(x_i-\bar{x})(y_i-\bar{y})}{\sum\limits_{i=1}^{n}(x_i-\bar{x})^2},\\ \hat{a}=\bar{y}-\hat{b}\bar{x},\end{cases}$$

其中，$\bar{x}=\dfrac{\sum\limits_{i=1}^{n}x_i}{n}$，$\bar{y}=\dfrac{\sum\limits_{i=1}^{n}y_i}{n}$. 最小二乘法的本质思想其实就是建立目标函数 $\sum\limits_{i=1}^{n}(y_i-a-bx_i)^2$，寻找 a,b 使其达到最小，其意义就是使离差平方和最小.

最小二乘法是参数估计中最基础、最重要的方法之一，该方法以其估计量优良的统计性质和简便的数学运算而著称，在数学、统计学、经济学中有着广泛的应用. 但最小二乘法也有其缺点，主要表现在以下两个方面：

(1) 假定各 ε_i 独立同分布，其分布为 $N(0,\sigma^2)$，即 ε_i 必须服从正态分布，应用上受到局限.

(2) 最小二乘法是构造被解释变量的条件均值函数，而均值的统计性质并不稳定，易受极端值的影响，因此，最小二乘回归易受到极端值的影响.

1.1.2 最小一乘法的原理

为了克服最小二乘法的缺点，在寻找回归直线时，可以考虑使得该直线与样本点的距离而不是距离的平方达到最小. 一个最简单的思路是计算所有样本点所形成的残差 e_i 之和 $\sum\limits_{i=1}^{n}e_i$（其中，$e_i=y_i-a-bx_i$），使其达到最小. 但此时的问题是，残差的正负号并不确

定，简单求和造成了正负相抵消的情形，无法准确衡量是否使得样本点到样本回归直线的距离达到了最小. 为了解决残差正负抵消的问题，采用使得残差绝对值的和最小，其几何意义是取样本点到回归直线的竖直距离，使得竖直距离和达到最小，亦即选择 a，b 使得

$$\sum_{i=1}^{n}|e_i| = \sum_{i=1}^{n}|y_i - a - bx_i| \tag{1.3}$$

达到最小. 这种方法也是直观可行的，称为最小一乘法.

实际上，最小一乘法思想的起源还在最小二乘法之前，早在 1760 年，波斯科维奇在研究子午线长度问题时提出最小一乘法；45 年后，即 1805 年，法国数学家勒让德提出了最小二乘法. 对最小二乘法做出最大贡献的当属高斯，他对最小二乘法的估计方法、估计量的性质等问题做了详细研究，构筑了近代最小二乘法在统计学中广泛应用的基础.

为什么首先提出最小一乘法，但其理论发展反而比最小二乘法发展慢呢？其主要原因在于计算方面. 由于函数 $y=|x|$ 比函数 $y=x^2$ 性质差，它不是每点都可导，所以不能利用偏导数为 0 来得到其估计值，所以在最小一乘法思想提出后近 200 年间基本都处于停顿状态. 随着现代计算机技术的发展，直到 20 世纪 50 年代，最小一乘法才重新引起统计学家的注意，到现在为止，最小一乘法的理论已经发展的比较完善了.

有人曾做过这样一个试验：把一批数据在直角坐标系中标出来成为一个散点图，而让一些人根据目测去作一条直线以拟合这批点. 结果发现：大多数人根据目测作出的直线，更接近于按最小一乘准则作出的回归线，而离按最小二乘准则作出的回归线则较远一些. 通过这种实验当然不能得出什么定论，但是它多少显示：最小一乘这个准则也许更接近于人们的直觉.

1.1.3　最小一乘法的估计量及其稳健性分析

为了研究最小一乘法的估计量性质，首先引入与样本相关的概念.

定义 1.1（次序统计量）　设 $x_1, x_2, \cdots, x_n$ 是一个样本，$x_{(i)}$ 称为该样本的第 i 个次序统计量，它的取值为样本观测值由小到大排列后的第 i 个观测值. 样本的次序统计量记为 $x_{(1)}, x_{(2)}, \cdots, x_{(n)}$.

定义 1.2（样本中位数）　设 $x_1, x_2, \cdots, x_n$ 是一个样本，设 $x_{(1)}, x_{(2)}, \cdots, x_{(n)}$ 是次序统计量，则样本的中位数 $m_{0.5}$ 定义为

$$m_{0.5} = \begin{cases} x_{\left(\frac{n+1}{2}\right)}, & n \text{ 为奇数；} \\ \dfrac{1}{2}\left(x_{\left(\frac{n}{2}\right)} + x_{\left(\frac{n}{2}+1\right)}\right), & n \text{ 为偶数.} \end{cases}$$

利用图像容易证明，对于函数 $f(a)=\sum\limits_{i=1}^{n}|x_i - a|$，当 $a = m_{0.5}$ 时，$f(a)$ 达到其最小值，即样本 $x_1, x_2, \cdots, x_n$ 的中位数使 $f(a)$ 达到其最小值. 实际上，能够进一步地证明：当 n 为奇数时，使 $f(a)$ 达到其最小值的 a 唯一；当 n 为偶数时，使 $f(a)$ 达到其最小值的 a 为区间 $[x_{\left(\frac{n}{2}\right)}, x_{\left(\frac{n}{2}+1\right)}]$ 任一数. 除非 $x_{\left(\frac{n}{2}\right)} = x_{\left(\frac{n}{2}+1\right)}$，否则使 $f(a)$ 达到其最小值的 a 不唯一，但 $x_{\left(\frac{n}{2}\right)}, x_{\left(\frac{n}{2}+1\right)}$ 都是解，所以无论奇偶，在 $x_1, x_2, \cdots, x_n$ 中总有 x_i 使 $f(a)$ 达到其最小值.

推广到概率空间，对于随机变量 ξ，其期望 $f(a)=E|\xi-a|$，当且仅当取随机变量 ξ 的中位数时，$f(a)$ 达到其最小值. 这里的中位数指的是这样的 c，对离散型随机变量 $P(\xi=x_i)=p_i$，当 $x_1\leqslant x_2\leqslant\cdots\leqslant x_n$，$P(\xi\leqslant c)\geqslant\frac{1}{2}$，$P(\xi\geqslant c)\geqslant\frac{1}{2}$. 这里的中位数并不唯一，与定义 1.2 并不相同，称为随机变量 ξ 的分布中位数.

通过上面的讨论，可以得到最小一乘法与最小二乘法的区别：

(1) 最小一乘法的目标函数为 $\sum_{i=1}^{n}|y_i-a-bx_i|$，最小二乘法的目标函数为 $\sum_{i=1}^{n}(y_i-a-bx_i)^2$，其估计量分别为 y_i 关于 x_i 的条件中位数，及 y_i 关于 x_i 的条件均值. 根据概率论中中位数与均值的关系可得，中位数不受极端值的影响，而均值没有这种稳定性，它容易受到个别极端值的影响，这就是所谓最小一乘法的稳健性.

稳健性其实可以这样理解，最小一乘法利用的是距离，最小二乘法利用的是距离平方，异常值有很大的偏差，其平方和也大得多，受其影响，使得最小二乘法估计量稳健性要差些.

(2) 在最小二乘回归中，数据到某位置的偏差平方和达到最小是由均值唯一决定的，所以最小二乘估计量是唯一的. 而最小一乘回归偏差和达到最小是中位数，由 $P(\xi\leqslant c)\geqslant\frac{1}{2}$，$P(\xi\geqslant c)\geqslant\frac{1}{2}$ 定义的中位数 c 并不唯一，所以最小一乘估计量并不唯一.

(3) 最小一乘法中并没有要求 ε_i 服从正态分布，对一些应用问题，尤其是经济方面的问题，其误差很多都不服从正态分布，从这个意义上说，最小一乘法的应用背景要广泛得多.

1.2 最小一乘法的计算

按照由特殊到一般的思考问题的归纳法，先考虑回归直线恰好过坐标原点的特殊情形，然后将一般回归直线的情形转化为过坐标原点的特殊情形处理，从而给出一般问题的求解.

1.2.1 回归直线恰好过坐标原点情形

首先假定 $a=0$，求出 b，使得目标函数

$$\sum_{i=1}^{n}|y_i-bx_i|$$

达到最小，这是一个过原点的回归直线问题，可设 $x_1,x_2,\cdots,x_n$ 全不为 0，实际上，如果 $x_i=0$，则 $|y_i-bx_i|=|y_i|$ 与 b 无关，故可以省略，数据 $x_1,x_2,\cdots,x_n$ 如果有 0，则将其删除，剩下的数据，所有的 $x_1,x_2,\cdots,x_n$ 全不为 0. 确定 b 的方法如下：

(1) 计算 $\frac{y_1}{x_1},\frac{y_2}{x_2},\cdots,\frac{y_n}{x_n}$，将它们按从小到大的次序排列为 $\frac{y_{(1)}}{x_{(1)}},\frac{y_{(2)}}{x_{(2)}},\cdots,\frac{y_{(n)}}{x_{(n)}}$，且

$$\frac{y_{(1)}}{x_{(1)}}\leqslant\frac{y_{(2)}}{x_{(2)}}\leqslant\cdots\leqslant\frac{y_{(n)}}{x_{(n)}}.$$

(2) 计算 $M=\sum_{i=1}^{n}|x_i|$.

(3) 设 $M_1=|x_{(1)}|, M_2=|x_{(1)}|+|x_{(2)}|, \cdots, M_i=|x_{(1)}|+\cdots+|x_{(i)}|, \cdots$，找得这样的 i，使 $M_{i-1}<\frac{M}{2}, M_i\geqslant\frac{M}{2}$. 要确定这样的 i，分两种情况讨论：

① 当 $M_i>\frac{M}{2}$ 时，由 1.1 节的讨论可得 b 的唯一解 $b=\frac{y_{(i)}}{x_{(i)}}$；

② 当 $M_i=\frac{M}{2}$ 时，由 1.1 节的讨论可得 b 的解不唯一，区间 $\left[\frac{y_{(i)}}{x_{(i)}}, \frac{y_{(i+1)}}{x_{(i+1)}}\right]$ 上的任意值都是解，特别地，取 $b=\frac{y_{(i)}}{x_{(i)}}$ 或者 $b=\frac{y_{(i+1)}}{x_{(i+1)}}$.

下面对上面的结论给出证明. 实际上，为了证明的简化，不妨设 $\frac{y_1}{x_1}\leqslant\frac{y_2}{x_2}\leqslant\cdots\leqslant\frac{y_n}{x_n}$，否则的话，调整次序即可.

当 $M_i>\frac{M}{2}$ 时，记 $g(c)=\sum_{j=1}^{n}|y_j-cx_j|$，则

$$g(c)=\sum_{j=1}^{n}|x_j|\left|\frac{y_j}{x_j}-c\right|.$$

为此，考虑当 $c<\frac{y_i}{x_i}$ 时，必有某个 $j<i$，使得 $\frac{y_j}{x_j}\leqslant c<\frac{y_{j+1}}{x_{j+1}}$. 又 $\frac{y_1}{x_1}\leqslant\frac{y_2}{x_2}\leqslant\cdots\leqslant\frac{y_n}{x_n}$，故

$$g(c)=\sum_{k=1}^{j}|x_k|\left(c-\frac{y_k}{x_k}\right)+\sum_{k=j+1}^{n}|x_k|\left(\frac{y_k}{x_k}-c\right).$$

函数对 c 求导得

$$g'(c)=\sum_{k=1}^{j}|x_k|-\sum_{k=j+1}^{n}|x_k|,$$

由 $j<i$ 得，$\sum_{k=1}^{j}|x_k|<\frac{M}{2}, \sum_{k=j+1}^{n}|x_k|>\frac{M}{2}$，得 $g'(c)<0$，即 $g(c)=\sum_{j=1}^{n}|x_j|\left|\frac{y_j}{x_j}-c\right|$ 单调递减.

仿之可证，$c>\frac{y_i}{x_i}$ 时，$g(c)=\sum_{j=1}^{n}|x_j|\left|\frac{y_j}{x_j}-c\right|$ 单调递增.

由函数极值的性质，可得 $g(c)$ 在 $c=\frac{y_i}{x_i}$ 处取最小值.

当 $M_i=\frac{M}{2}$，只要对证明稍做改动. 类似地，也可以证明上面的结论 ②.

例 1.1 当 $a=0$ 时，求过下面几个点的最小一乘回归直线，其中几个已知点坐标为 $(-0.37,-1.46)$, $(0.21,0.97)$, $(0,0.03)$, $(0.89,4.55)$, $(1.32,6.66)$.

解 第三个点 $(0,0.03)$ 的横坐标为 0，故删除.

$$M=|-0.37|+0.21+0.89+1.32=2.79, \quad \frac{M}{2}=1.395.$$

$$M_1=|-0.37|=0.37<\frac{M}{2}, \quad M_2=|-0.37|+0.21=0.58<\frac{M}{2},$$

$$M_3 = |-0.37| + 0.21 + 0.89 = 1.47 > \frac{M}{2}.$$

故所求的回归直线过原点及(0.89,4.55),即 $y = \frac{455}{89}x$.

1.2.2　一般回归直线情形

对于回归直线 $y = a + bx$,$a \neq 0$ 情形,先介绍确定 a,b 使 $\sum_{i=1}^{n} |y_i - a - bx_i|$ 达到最小的计算方法,然后给出其证明.

一般情况下的最小一乘法的计算步骤如下:

(1) 先固定某个 i,可以为 $1,2,\cdots,n$ 的任一值,将原点平移到 (x_i, y_i),用 $a = 0$ 的方法确定 b.

令 $X_j = x_j - x_i$,$Y_j = y_j - y_i$,$1 \leqslant j < i$,由于 $x_i - x_i = 0$,其横坐标为0,将其删除,$X_j = x_{j+1} - x_i$,$Y_j = y_{j+1} - y_i$,$i \leqslant j < n-1$.这样得到的最小一乘回归直线过原点,利用1.2.1节中的方法,可以确定 b,记为 b_i.

(2) 对上面的 i,计算残差绝对值的和 $M_i = \sum_{j=1}^{n-1} |Y_j - b_i X_j|$.

(3) 对 $i = 1,2,\cdots,n$,计算 $M_1, M_2, \cdots, M_n$,记 $M_k = \min(M_1, M_2, \cdots, M_n)$,如果上面的 M_k 不唯一,任取一个 M_k 即可,则方程 $y - y_k = b_k(x - x_k)$,即

$$y = b_k x + y_k - b_k x_k$$

就是在最小一乘准则下的回归直线,故 $b = b_k$,$a = y_k - b_k x_k$.

下面证明按上面的方法决定的 a,b 就可使 $\sum_{i=1}^{n} |y_i - a - bx_i|$ 达到最小.

首先假定 a 为常数,记 $z_i = y_i - bx_i$,则

$$\sum_{i=1}^{n} |y_i - a - bx_i| = \sum_{i=1}^{n} |z_i - a|,$$

由1.2.1节中的讨论,总可以找到一个 $z = z_k$,使 $\sum_{i=1}^{n} |z_i - a|$ 达到最小值,这时 $z = z_k$ 变形,即 $y = bx + y_k - bx_k$,回归直线过点 (x_k, y_k),但是上面的 k 是不确定的,由于 k 只取 $1,2,\cdots,n$,当 k 取1时,将 (x_1, y_1) 代入,得回归直线 l_1. $(x_1, y_1), (x_2, y_2), \cdots, (x_n, y_n)$ 中各点计算对 l_1 的残差绝对值和 M_1,类似计算 $M_2, \cdots, M_n$,显然使 M_i 达到最小的那个 i 即所求的回归直线.

通过上面的讨论,进一步发现最小一乘回归与最小二乘回归的不同.

(4) 最小一乘回归直线,必过某个样本点 (x_i, y_i),而最小二乘回归直线,一般可以不通过任何样本点. 最小一乘回归直线就是通过某两个样本点的直线.

最小一乘回归直线通过两个样本点这一事实,曾被用来作为批评这种回归的根据. 有人认为:根据这个性质,最小一乘回归直线仅用了两个样本点,其余 $n-2$ 个样本点全白费了,故效率不会高. 这个批评并不能成立,因为固然最小一乘回归形式上由两个样本点就决定了,但是到底是哪两个样本点? 这就要由全体 n 个样本点所提供的信息才能决定,其

余$n-2$个点的信息并未浪费，它们的作用使得能够选出最好的两个点.

上面计算可以利用 MATLAB 编程，其计算的 MATLAB 程序如下：

```
function [a,b]=yishen(x,y)
mk=inf;  %赋给 mk 初值无穷大
for i=1:length(x)   %对于 i 计算对应的 mi 并判断是否为当前最小，
                    %若是，则更新当前的 i 值和 mi 的值
x1=[ ];  %x1 赋空
  y1=[ ];  %y1 赋空
    x3=x-x(i);  %原点平移到 x(i)
     y3=y-y(i);
      p=1;
      for j=1:length(x3)  %剔除数组为零的元素
         if x3(j)~=0;
            x1(p)=x3(j);
            y1(p)=y3(j);
            p=p+1;
         end
       end
       c=sort(y1./x1);  %计算 y(i)/x(i)并排序结果用 c(i)记录
       M=sum(abs(x1));  %计算 M 的值；
       x2=sort(x1);  %对 x 排序；
       M1=abs(x2(1));  %找出 k 使 M(k-1)<M/2 且 M(k)>=M/2
       k=1;
       while M1<(M/2)
          k=k+1;
          M1=M1+abs(x2(k));
       end
    b2=c(k);  %计算此时 i 对应的 b 值
    mi=sum(abs(y1-b2.*x1));  %计算残差绝对值和 Mi
    if mi<mk  %判断当前 Mi 是否最小
       mk=mi;  %更新 Mk
       b1=b2;  %更新 b 值
       a1=y(i)-b1* x(i);  %更新 a 值
       q=i;
       s=c;
    end
    a=a1;  %输出 a 值
    b=b1;  %输出 b 值
```

```
        q
        s
    end
```

例 1.2　对下面的各组数据，分别求出其最小一乘回归方程.

(1) 第 1 组数据如下：

序号	1	2	3	4	5	6	7	8	9
X	0.1	0.2	0.3	0.1	0.2	0.3	0.1	0.2	0.3
Y	2	3	4	4	5	6	2	3	4

(2) 第 2 组数据如下：

序号	1	2	3	4	5	6	7	8	9
X	0.1	0.2	0.3	0.1	0.2	0.3	0.1	0.2	0.3
Y	2	3	4	4	5	60	2	3	4

(3) 第 3 组数据如下：

序号	1	2	3	4	5	6	7	8	9	10	11	12
X	0.1	0.2	0.3	0.1	0.2	0.3	0.1	0.2	0.3	0.1	0.2	0.3
Y	2	3	4	4	5	6	2	3	4	10	10	10

解　利用上面的计算方法可得：

数据(1) 的回归方程为 $\hat{Y} = 1 + 10X$；

数据(2) 的回归方程为 $\hat{Y} = 1 + 10X$；

数据(3) 的回归方程为 $\hat{Y} = 20X$.

注意：数据(1) 与数据(2) 只有第 6 组数据不同，数据(2) 的第 6 组数据异常，但其最小一乘方程不变.

例 1.3　对例 1.2 中的数据，分别求出其最小二乘回归方程，并分析原因.

解　利用最小二乘回归的计算方法可得：

数据(1) 的回归方程为 $\hat{Y} = \dfrac{5}{3} + 10X$；

数据(2) 的回归方程为 $\hat{Y} = -\dfrac{31}{3} + 100X$；

数据(3) 的回归方程为 $\hat{Y} = 3.75 + 7.5X$.

由于数据(1) 具有对称性，中位数与均值是相同的，故最小一乘回归与最小二乘回归是基本相同的，一般而言，数据对称，两种回归方程就是基本相同的；而数据(2) 有异常值，其最小一乘回归方程没有受到影响，但最小二乘回归方程就受到异常值的影响了；数据(3) 则体现出最小一乘法与最小二乘法的区别.

除了上面介绍的方法，最小一乘法还有其他的计算方法，如迭代算法、搜索算法、模拟退火算法等等，有兴趣的读者可以参考相关文献计算. 下面介绍一下迭代算法的基本方法.

前面的计算方法的优点是答案确定的，但缺点也非常明显，当 n 大时，其计算量太大，实用性不强，可以考虑用迭代算法求其近似解，其基本方法如下：

（1）先确定一个 b 的初始值 b_0，就可以将 b 的最小二乘估计值当作 b_0.

（2）以 $b=b_0$ 确定 a，使表达式 $\sum_{i=1}^{n}|y_i-a-b_0x_i|$ 达到最小，记这个 a 为 a_0. 前面已经介绍过，其解就是 n 个数 $y_i-b_0x_i$ $(i=1,2,\cdots,n)$ 的中位数.

（3）以 $a=a_0$ 确定 b，使表达式 $\sum_{i=1}^{n}|y_i-a_0-bx_i|$ 达到最小，记这个 b 为 b_1. 前面已经介绍过，其解就是过原点的回归直线.

（4）以 $b=b_1$ 确定 a_1，如此反复迭代，得到 $(a_0,b_0),(a_1,b_1),\cdots,(a_k,b_k)$.

当近似效果较好时，则停止迭代. 近似效果较好的判定标准为以下两条：

① (a_{k-1},b_{k-1}) 与 (a_k,b_k) 的差别足够小；

② $\sum_{i=1}^{n}|y_i-a_{k-1}-b_{k-1}x_i|$ 与 $\sum_{i=1}^{n}|y_i-a_k-b_kx_i|$ 的差别足够小.

这两条标准可同时使用，也可使用其中一个条件. 这时就取 $a=a_k,b=b_k$，完成迭代.

1.3　最小一乘法的检验

与最小二乘法检验回归方程一样，最小一乘法也要对回归方程是否有意义进行判断. 对回归方程 $y=a+bx$，如果 $b=0$，则 y 不随 x 变化，所得的回归方程没有意义，称回归方程不显著. 如果 $b\neq 0$，则 y 随 x 线性变化，所得的回归方程有意义，称回归方程是显著的.

对回归方程的显著性检验：

$$H_0:b=0 \quad \text{vs} \quad H_1:b\neq 0$$

拒绝 H_0 表示回归方程是显著的.

在回归方程 $y_i=\beta_0+\beta_1x_i+\varepsilon_i$ $(i=1,2,\cdots,n)$ 中，最小一乘法中并没有要求 ε_i 服从正态分布，利用大样本方法，假设 ε 有概率密度函数 $f(x)$，$f(0)>0$，$f(x)$ 在 0 处连续. 假设 ε 的中位数为 0，记 $\bar{x}_n=\dfrac{x_1+x_2+\cdots+x_n}{n}$，$S_n^2=\sum_{i=1}^{n}(x_i-\bar{x}_n)^2$. 可以证明如下定理.

定理 1.1　在前面的记号与假设下，当 $n\to\infty$ 时，$\dfrac{\max(|x_1-\bar{x}_n|,\cdots,|x_n-\bar{x}_n|)}{S_n^2}\to 0$，则有如下两个结论：

（1）$\dfrac{2\sqrt{n}f(0)}{\sqrt{1+n\bar{x}_n^2/S_n^2}}(\hat{a}_n-a)\sim N(0,1)$；

(2) $2f(0)S_n(\hat{b}_n - b) \sim N(0,1)$.
其中,$N(0,1)$表示标准正态分布.

利用本定理,给定显著性水平 α,当 n 较大时,可取 $|\hat{b}_n| > u_{\frac{\alpha}{2}}(2f(0)S_n)$ 为拒绝域,即当它成立时,拒绝 H_0 表示回归方程是显著的. 实际上,由于 $f(x)$ 通常未知,当 n 较大时,取一个区间 $(-d,d)$,m 为 $y_i - (\hat{a}_n + \hat{b}_n x_i)$ $(i=1,2,\cdots,n)$ 落在该区间的个数,则以 $\frac{m}{2nd}$ 作为 $f(0)$ 的估计值.

1.4 最小一乘法解决多元线性回归问题简介

本节记 $\boldsymbol{b} = (b_1,\cdots,b_p)'$ 是一个 p 维列向量. 同样地,$\boldsymbol{x}$,$\boldsymbol{y}$ 都是 p 维向量,与前面的讨论一样,$\boldsymbol{x}$ 是非随机的,$\boldsymbol{y}$ 是随机的,对 $\boldsymbol{x}$,$\boldsymbol{y}$ 进行 n 次观察,得到观察值 $(\boldsymbol{x}_1,\boldsymbol{y}_1)$,$(\boldsymbol{x}_2,\boldsymbol{y}_2)$,$\cdots$,$(\boldsymbol{x}_n,\boldsymbol{y}_n)$,由此确定一个 p 元线性回归方程:

$$\boldsymbol{y} = \boldsymbol{a} + \boldsymbol{b}'\boldsymbol{x}, \tag{1.4}$$

其中,$\boldsymbol{a}$,$\boldsymbol{b}$ 为待定参数,本节讨论的最小一乘法应用问题,就是找得 $\boldsymbol{a}$,$\boldsymbol{b}$,使 $\sum_{i=1}^{n} |y_i - \boldsymbol{a} - \boldsymbol{b}'x_i|$ 达到最小.

令 $\boldsymbol{\beta} = \begin{pmatrix} \boldsymbol{a} \\ \boldsymbol{b} \end{pmatrix}$,$\boldsymbol{Z}_i = \begin{pmatrix} 1 \\ x_i \end{pmatrix}$,求参数 β,使得目标函数

$$T(\boldsymbol{\beta}) = \sum_{i=1}^{n} |y_i - \boldsymbol{\beta}'\boldsymbol{Z}_i|$$

达到最小. 令 $\boldsymbol{A} = \begin{pmatrix} \boldsymbol{Z}'_1 \\ \vdots \\ \boldsymbol{Z}'_n \end{pmatrix}$,$\boldsymbol{\beta} = \boldsymbol{u} - \boldsymbol{v}$,$\boldsymbol{\xi}$,$\boldsymbol{\eta}$ 是两个非负 n 列向量,则(1.4) 式可变为

$$\boldsymbol{A}(\boldsymbol{u} - \boldsymbol{v}) + \boldsymbol{\xi} - \boldsymbol{\eta} = \boldsymbol{y},$$

而极值为 $|\boldsymbol{\xi} - \boldsymbol{\eta}|$ 的最小值,这是一个典型的多元线性规划问题,可以利用线性规划的方法求解,读者可以参考相关线性规划方法求解.

习 题 1

1.1 树的平均高度 h 与树的胸径 d 之间有密切的联系,根据下面资料用最小一乘法与最小二乘法分别建立 h 对 d 的线性回归方程.

d	15	20	25	30	35	40	45	50
h	13.9	17.1	20	22.4	24	25.6	27	28.3

1.2 营业税税收总额 y 与社会商品零售总额 x 有关,为能从社会商品零售总额去预

测税收总额,需要了解两者之间的关系,现收集了如下 6 组数据(单位:亿元):

x	142.08	177.30	204.68	248.68	316.24	341.99
y	3.93	5.96	7.85	9.82	12.50	15.55

用最小一乘法建立回归方程,并预测社会商品零售总额为 300 时的税收总额.

1.3　最小一乘法与最小二乘法有哪些区别?举例说明.

1.4　在钢铁碳含量 x(%) 对于电阻 y(20℃,$\mu\Omega$)的效应研究中,得到如下数据:

碳含量 x/%	0.10	0.30	0.4	0.55	0.70	0.8	0.95
电阻 $y/\mu\Omega$	15	18	19	21	22.6	23.8	26

(1) 做出散点图;

(2) 用最小一乘法求线性回归方程.

1.5　随机抽取 12 个城市家庭,数据如下表,其中 x 为家庭收入,y 为食品支出.

x	82	93	105	130	144	145	158	180	200	270	300	400
y	75	85	92	105	120	120	129	145	156	200	200	240

用最小一乘法建立食品支出与收入之间的线性回归方程.

第 2 章　聚类分析算法

对于一个非空集合，如果给定了分类标准，则可以得到确定的分划. 然而，在很多情况下事先并不知道分类标准，需要根据集合内元素的性质去发现分类标准，再根据这个标准去分类. 聚类分析(Clustering Analysis) 研究各个待分类对象的特征相似程度并进行分类，特征相似的归为一类，不相似的作为另一类. 聚类分析算法包括两个基本内容：模式相似性的度量和聚类算法.

2.1　模式相似性测度

为了能区分对象的类别，首先要定义模式相似性测度，以此来描述各对象之间特征的相似程度.

2.1.1　距离测度研究

将研究对象表示为某空间里的向量(点)，距离测度(又称差值测度) 以两个向量矢端的距离作为考虑的基础，是两向量各相应分量之差的函数. 两向量间的距离测度有多种定义方法，一般地讲，距离测度应满足下面的公理.

公理 2.1(距离测度公理)　记向量 $\boldsymbol{x}$ 和 $\boldsymbol{y}$ 的距离为 $d(\boldsymbol{x},\boldsymbol{y})$，则

(1) $d(\boldsymbol{x},\boldsymbol{y}) \geqslant 0$，当且仅当 $\boldsymbol{x}=\boldsymbol{y}$ 时，等号成立；

(2) $d(\boldsymbol{x},\boldsymbol{y}) = d(\boldsymbol{y},\boldsymbol{x})$；

(3) $d(\boldsymbol{x},\boldsymbol{y}) \leqslant d(\boldsymbol{x},\boldsymbol{z}) + d(\boldsymbol{z},\boldsymbol{y})$.

下面给出几种常用的距离测度. 设 $\boldsymbol{x}=(x_1,\cdots,x_n)^{\mathrm{T}}$，$\boldsymbol{y}=(y_1,\cdots,y_n)^{\mathrm{T}}$.

(1) 欧式(Euclidean) 距离

$$d(\boldsymbol{x},\boldsymbol{y}) = \Big[\sum_{i=1}^{n}(x_i-y_i)^2\Big]^{1/2}.$$

(2) 绝对值(Manhattan) 距离

$$d(\boldsymbol{x},\boldsymbol{y}) = \sum_{i=1}^{n}|x_i-y_i|.$$

(3) 切氏(Chebyshev) 距离

$$d(\boldsymbol{x},\boldsymbol{y}) = \max_i |x_i-y_i|.$$

(4) 明氏(Minkowski) 距离

$$d(\boldsymbol{x},\boldsymbol{y}) = \Big[\sum_{i=1}^{n}(x_i-y_i)^m\Big]^{1/m}.$$

(5) 马氏(Mahalanobis)距离,设$\{\boldsymbol{x}_1,\cdots,\boldsymbol{x}_m\}$是一个列向量集合,有

$$d^2(\boldsymbol{x}_i,\boldsymbol{y}_j)=(\boldsymbol{x}_i-\boldsymbol{y}_j)^{\mathrm{T}}V^{-1}(\boldsymbol{x}_i-\boldsymbol{y}_j),$$

其中,$V=\frac{1}{m-1}\sum_{i=1}^{m}(\boldsymbol{x}_i-\overline{\boldsymbol{x}})(\boldsymbol{x}_i-\overline{\boldsymbol{x}})^{\mathrm{T}},\overline{\boldsymbol{x}}=\frac{1}{m}\sum_{i=1}^{m}\boldsymbol{x}_i$.

显然,在量纲取定的条件下,两个向量越相似,距离就越小;反之亦然.

2.1.2 相似测度研究

相似测度以两向量的方向是否相近作为考虑的基础,向量长度不重要.

设$\boldsymbol{x}=(x_1,\cdots,x_n)^{\mathrm{T}},\boldsymbol{y}=(y_1,\cdots,y_n)^{\mathrm{T}}$.

(1) 角度相似系数(夹角余弦).向量之间的相似性可用它们的夹角余弦来度量:

$$\cos(\boldsymbol{x},\boldsymbol{y})=\frac{\boldsymbol{x}^{\mathrm{T}}\boldsymbol{y}}{[(\boldsymbol{x}^{\mathrm{T}}\boldsymbol{x})(\boldsymbol{y}^{\mathrm{T}}\boldsymbol{y})]^{1/2}}.$$

(2) 相关系数.将$\boldsymbol{x},\boldsymbol{y}$看做来自两个数据集的样本,$\overline{\boldsymbol{x}},\overline{\boldsymbol{y}}$分别是这两个数据集的平均值(中心),相关系数是数据中心化后的向量夹角余弦:

$$r(\boldsymbol{x},\boldsymbol{y})=\frac{(\boldsymbol{x}-\overline{\boldsymbol{x}})^{\mathrm{T}}(\boldsymbol{y}-\overline{\boldsymbol{y}})}{[(\boldsymbol{x}-\overline{\boldsymbol{x}})^{\mathrm{T}}(\boldsymbol{x}-\overline{\boldsymbol{x}})(\boldsymbol{y}-\overline{\boldsymbol{y}})^{\mathrm{T}}(\boldsymbol{y}-\overline{\boldsymbol{y}})]^{1/2}}.$$

两个模式特征向量越相似,相关系数越大,上限为 1.

另外,在医学和生物学分类中常用的是匹配测度等.

2.2 类定义与类间距离

2.2.1 类的定义

为便于定义,通常将对象的特征向量作为集合中的元素,两个模式相似性测度只取距离讨论,对于相似测度、匹配测度也可以类似定义.

在集合X中定义距离测度$d(\boldsymbol{x},\boldsymbol{y})$,如果$X$中的任意两个元素$x_i,y_j$的距离$d_{ij}$满足

$$d_{ij}\leqslant h,$$

其中,h为给定的阈值,称X对于阈值h组成一类.

2.2.2 类间距离的测度方法

在有些聚类算法中要用到类间距离,下面给出一些类间距离定义.设ω_k和ω_l是两个聚类,任意$x_i\in\omega_k$和$y_j\in\omega_l$,d_{ij}表示x_i,y_j的距离.

(1) 最近距离.两个聚类ω_k和ω_l之间最近距离定义为$D_{kl}=\min\limits_{i,j}\{d_{ij}\}$.

(2) 最远距离.两个聚类ω_k和ω_l之间最远距离定义为$D_{kl}=\max\limits_{i,j}\{d_{ij}\}$.

(3) 重心距离.若一个类的空间位置要用一个点表示,那么用它的重心代表较为合理,于是类与类之间的距离可以定义为它们重心之间的距离.设类ω_k和ω_l的重心分别是x_k和y_l,则$D_{kl}=d(x_k,y_l)$.

其他还有中间距离、平均距离和离差平方和距离等.

2.2.3 聚类的准则函数

有了对象之间的模式相似性测度和类与类之间的距离之后，还需要一个能对分类过程或分类结果的优劣进行评估的准则函数.

1. 类内距离准则

设对象集合 $X=\{x_1,x_2,\cdots,x_N\}$ 在某种相似性测度基础上被分划为 k 类 $\{x_i^{(j)}\mid i=1,2,\cdots,n_j\}(j=1,2,\cdots,k)$，其中上标 j 表示类别，下标 i 表示类内对象的序号，类内距离准则函数定义为

$$J_{\mathrm{W}}=\sum_{j=1}^{k}\sum_{i=1}^{n_j}d^2(x_i^{(j)},z_j).$$

式中，$z_j=\dfrac{1}{n_j}\sum_{i=1}^{n_j}x_i^{(j)}$ 表示第 j 个类的中心. 类内距离准则也称为误差平方和准则，通常要求分类结果使得 J_{W} 达到最小.

2. 类间距离准则

类间距离准则定义为

$$J_{\mathrm{B}}=\sum_{j=1}^{k}(\boldsymbol{z}_j-\boldsymbol{z})^{\mathrm{T}}(\boldsymbol{z}_j-\boldsymbol{z}).$$

其中，$\boldsymbol{z}_j$ 表示第 j 个类的中心，$\boldsymbol{z}=\dfrac{1}{N}\sum_{i=1}^{N}x_i$ 表示全体对象的中心. 通常要求分类结果使得 J_{B} 达到最大.

其他还有基于类内类间距离的准则函数和基于对象与类核的距离的准则函数.

2.3 聚类算法

聚类算法的基本策略有三种：

(1) 根据相似性阈值和最小距离原则的简单聚类方法. 确定相似性阈值，将待分类对象到各聚类中心间的距离与阈值比较，都大于阈值时该对象就作为另一类的类心，小于阈值时按最小距离原则将其分划到某一类中.

(2) 按最小距离原则不断进行两类合并的方法(谱系聚类法). 首先把各对象当做一类，然后将距离最小的两类合并成一类，不断地重复这个过程，直到成为两类为止.

(3) 依据准则函数动态聚类法. 定义评价分类结果的准则函数，聚类过程就是使准则函数取极值的优化过程.

下面介绍三种聚类算法.

2.3.1 简单聚类法

设待分类的对象集为 $X=\{x_1,x_2,\cdots,x_N\}$，选定类内距离门限 T.

第 1 步 取第 1 个对象作为一类，令 $G_1^{(1)}=\{z_1\}(z_1=x_1)$，置 $k=1$.

第 2 步　若 $k = N$，结束.

第 3 步　设经过 k 次聚类后，对象集 $\{x_1, x_2, \cdots, x_k\}$ 的聚类结果为 $G_j^{(k)}(j = 1, 2, \cdots, c; c \leqslant k)$. 取对象 x_{k+1}，计算 x_{k+1} 到每个类的距离 $d(x_{k+1}, z_j)(j = 1, 2, \cdots, c)$，$z_j$ 是类 $G_j^{(k)}$ 的中心. 设 $\min\limits_j d(x_{k+1}, z_j) = d(x_{k+1}, z_{j_0})$，若 $d(x_{k+1}, z_{j_0}) \leqslant T$，将 x_{k+1} 归入第 j_0 类；否则，将 x_{k+1} 作为一个新类.

第 4 步　$k = k + 1$，转至第 2 步.

根据相似性阈值和最小距离原则的简单聚类方法的聚类结果很大程度上依赖于距离门限和聚类中心的选取.

2.3.2　谱系聚类法

设待分类的对象集为 $X = \{x_1, x_2, \cdots, x_N\}$，设分类数目为 $c(2 \leqslant c \leqslant N)$.

第 1 步　将每个对象作为一类，即 $G_i^{(0)} = \{x_i\}(i = 1, 2, \cdots, N)$，置 $k = 0$.

第 2 步　若 $k = N - c$，结束.

第 3 步　设经过 k 次聚类后，聚类结果为 $G_i^{(k)}(i = 1, 2, \cdots, N-k)$，计算各类间的距离 $D_{ij}(i = 1, \cdots, N - k; j = 1, \cdots, N - k; i < j)$，不妨设 $\min\limits_{i,j} D_{ij} = D_{i_0 j_0}$，将 $G_{i_0}^{(k)}$ 和 $G_{j_0}^{(k)}$ 两类合成一个新类，使聚类结果变更为 $G_i^{(k+1)}(i = 1, 2, \cdots, N - k - 1)$.

第 4 步　令 $k = k + 1$，转至第 2 步.

根据相似性阈值和最小距离原则的简单聚类法和谱系聚类法的一个共同特点是某个对象一旦分划到某一类之后，在后续的步骤中就不改变了，这类方法效果一般不会太理想. 动态聚类技术能动态地改变对象的类别和聚类的中心，使准则函数取得极值或设定的参数达到设计要求时停止.

下面介绍一种动态聚类算法，该方法取定 c 类和选取 c 个初始聚类中心，按最小距离原则将各模式分配到 c 类中的某一类，之后不断地计算类心和调整各模式的类别，最终使各模式到其判属类别中心的距离平方之和最小.

2.3.3　c-均值聚类法

设待分类的对象集为 $X = \{x_1, x_2, \cdots, x_N\}$，分类数目为 $c(2 \leqslant c \leqslant N)$.

第 1 步　从 X 中选取 c 个对象作为初始聚类中心，不妨取 $z_i^{(0)} = x_i(i = 1, 2, \cdots, c)$，使 $G_i^{(0)} = \{z_i^{(0)}\}(i = 1, 2, \cdots, c)$，置 $k = 0$.

第 2 步　设经过 k 次迭代后，聚类结果为 $G_i^{(k)}(i = 1, 2, \cdots, c)$，$z_i^{(k)}$ 为 $G_i^{(k)}$ 的中心，对每个 $x \in X$，计算距离 $d(x, z_i^{(k)})(i = 1, 2, \cdots, c)$，不妨设 $\min\limits_i d(x, z_i^{(k)}) = d(x, z_j^{(k)})$，令 $x \in G_j^{(k)}$.

第 3 步　计算各类中心 $z_i^{(k+1)} = \dfrac{1}{|G_i^{(k)}|} \sum\limits_{x \in G_i^{(k)}} x$，$|G_i^{(k)}|$ 为 $G_i^{(k)}$ 所含向量个数$(i = 1, 2, \cdots, c)$.

第 4 步　若 $z_i^{(k+1)} = z_i^{(k)}(i = 1, 2, \cdots, c)$，结束；否则令 $G_i^{(k+1)} = \{z_i^{(k+1)}\}(i = 1, 2, \cdots, c)$，$k = k + 1$，转至第 2 步.

2.4　MATLAB 解题举例

例 2.1　给出 6 个样本，取 $c=2$，用最小距离原则的 c-均值聚类法给出聚类结果.

$\boldsymbol{x}_1=(0,3,1,2,0)$，$\boldsymbol{x}_2=(1,3,0,1,0)$，$\boldsymbol{x}_3=(3,3,0,0,1)$，

$\boldsymbol{x}_4=(1,1,0,2,0)$，$\boldsymbol{x}_5=(3,2,1,2,1)$，$\boldsymbol{x}_6=(4,1,1,1,0)$.

解　MATLAB 程序如下：

```
functionmethod_3
%c-均值聚类法
x1=[0,3,1,2,0]';x2=[1,3,0,1,0]';  %输入特征向量
x3=[3,3,0,0,1]';x4=[1,1,0,2,0]';
x5=[3,2,1,2,1]';x6=[4,1,1,1,0]';
X=[x1,x2,x3,x4,x5,x6];  %构建待分类对象集
[m,N]=size(X);  %确定待分类对象个数 N
c=2;  %取分类数(注意:2<=c<=N)
[m,N]=size(X);
G=zeros(N,c);
oldG=G;
G(1:c,1:c)=eye(c);  %G 的顶部置为单位阵,表示 x1,x2,...,xc 被选入
                    %G 迭代
while~isequal(G,oldG)
   oldG=G;
   for i=1:N
     j=minDist(X(:,i),G,X);  %求 xi 到 G 中某类具有最小距离的类下标
     G(i,:)=zeros(1,c);  %将 G 中第 i 行置 0
     G(i,j)=1;  %再将 G 中第 i 行的第 j 列置 1
   end
end
%输出
fprintf('最终分类状况为\n')  %输出分类
for j=1:c
   str='{';  %构建输出字符串
   for i=1:N
      if G(i,j)==1
         str=[str,'x',num2str(i)];
      end
   end
```

```
        str=[str,'}'];
        disp(str)
    end
    %自定义函数
    function j=minDist(x,G,X)
    %计算 x 到 G 中各类的距离,并返回最小距离所对应的类下标
      [temp,c]=size(G);  %获取 G 中类的个数 c
      d=zeros(c,1);  %定义距离数组并初始化为零向量
      for i=1:c
          Gi=G(:,i);  %取出 G 中第 i 列,即类 Gi
          GiVector=X(:,find(Gi));  %取出 Gi 类所含向量
          zi=mean(GiVector,2);  %计算 Gi 的中心
          d(i)=norm(x-zi,2);  %计算 x 到 Gi 的距离
       end
      [dmin,j]=min(d);  %获取最小距离所对应的类下标
```

程序运行结果如下：

```
最终分类状况为
{x1 x2 x4}
{x3 x5 x6}
```

习　题　2

2.1　有 4 个元素的集合,有多少种不同的分类方法?

2.2　给出 6 个样本,取 $c=2$,用简单聚类法与谱系聚类法,编程求解给出聚类结果.

$$\boldsymbol{x}_1=(0,3,1,2,0)^{\mathrm{T}},\boldsymbol{x}_2=(1,3,0,1,0)^{\mathrm{T}},\boldsymbol{x}_3=(3,3,0,0,1)^{\mathrm{T}},$$
$$\boldsymbol{x}_4=(1,1,0,2,0)^{\mathrm{T}},\boldsymbol{x}_5=(3,2,1,2,1)^{\mathrm{T}},\boldsymbol{x}_6=(4,1,1,1,0)^{\mathrm{T}}.$$

2.3　证明:c-均值聚类法的聚类结果使准则函数 $J^k=\sum_{j=1}^{c}\sum_{x\in G_j^{(k)}}\|x-z_j^{(k)}\|^2$ 取极小值.

2.4　生物学家为了对两类蠓虫(Af 类与 Apf 类)进行鉴别,测量了蠓虫的触角长度 x 和翅膀长度 y. 现已测得 8 只 Af 类蠓虫的数据如表 2.1 所示,6 只 Apf 类蠓虫的数据如表 2.2 所示.

表 2.1　8 只 Af 类蠓虫的触角长度和翅膀长度

x	1.36	1.38	1.38	1.38	1.40	1.48	1.54	1.56
y	1.74	1.64	1.82	1.90	1.70	1.82	1.82	2.08

表 2.2　6 只 Af 类蠓虫的触角长度和翅膀长度

x	1.14	1.18	1.20	1.26	1.28	1.30
y	1.78	1.96	1.86	2.00	2.00	1.96

试研究以下问题：

(1) 通过作数据点的散点图,直观地说明蠓虫可分为两类；

(2) 用 c-均值聚类法程序证实这一点；

(3) 设计一个线性函数,作为这两类蠓虫的分类函数；

(4) 通过该线性函数,判别对新样本 $\boldsymbol{x}_{15}=(1.28,1.86)^{\mathrm{T}}$,$\boldsymbol{x}_{16}=(1.41,1.84)^{\mathrm{T}}$ 分属哪一类；

(5) 用 c-均值聚类法,证实你所给出的分类.

第 3 章　快速傅里叶变换算法

傅里叶变换是信号进行时频分析的基础.为了避免引入繁杂的数学背景,本章仅就在工程应用中常见的离散傅里叶变换进行说明,简要介绍用于计算离散傅里叶变换的快速傅里叶变换算法.

本章的结构是首先介绍有限长序列的离散傅里叶变换,在此基础上分析其计算量,利用将长序列的计算二分成短序列并且借助变换中的一个因子的对称性和周期性得到快速傅里叶变换算法,最后结合数字信号处理背景给出一维信号快速傅里叶变换的应用及其物理意义.

3.1　一维离散傅里叶变换

在工程应用中,需要处理的信号形式一般是离散的有限长数字序列,其本身就是时域的表现形式.

对于有限长离散序列 $f(n)$,假设其点数不超过 N,离散傅里叶变换(Discrete Fourier Transform,DFT) 定义为

$$F(k) = \sum_{n=0}^{N-1} f(n)\mathrm{e}^{-\mathrm{i}\frac{2\pi}{N}kn} \quad (0 \leqslant k \leqslant N-1); \tag{3.1}$$

离散傅里叶逆变换(Inverse Discrete Fourier Transform,IDFT) 定义为

$$f(n) = \frac{1}{N}\sum_{k=0}^{N-1} F(k)\mathrm{e}^{\mathrm{i}\frac{2\pi}{N}kn} \quad (0 \leqslant n \leqslant N-1). \tag{3.2}$$

离散傅里叶变换与离散傅里叶逆变换二者形式相似,是变量 $n \sim k$ 的变换,其中变量 n 描述了信号在时域中的表现,k 描述了信号在频域中的表现.DFT 是从时域到频域的变换,所以可以用来进行一维数字信号的频谱分析.

由于正变换和逆变换快速算法的原理一样,逆变换由于形式的相近性可以通过正变换推导.

定义正变换中的系数为旋转因子 $W_N = \mathrm{e}^{-\mathrm{i}2\pi/N}$,当 k 依次取 $0,1,2,\cdots,N-1$ 时,代入已知的信号在节点处的值 $f(n)$,应用正变换得到如下线性方程组:

$$\begin{cases} F(0) = f(0)W_N^{00} + f(1)W_N^{01} + f(2)W_N^{02} + \cdots + f(N-1)W_N^{0(N-1)}, \\ F(1) = f(0)W_N^{10} + f(1)W_N^{11} + f(2)W_N^{12} + \cdots + f(N-1)W_N^{1(N-1)}, \\ F(2) = f(0)W_N^{20} + f(1)W_N^{21} + f(2)W_N^{22} + \cdots + f(N-1)W_N^{2(N-1)}, \\ \qquad\qquad \vdots \\ F(N-1) = f(0)W_N^{(N-1)0} + f(1)W_N^{(N-1)1} + \cdots + f(N-1)W_N^{(N-1)(N-1)}. \end{cases} \tag{3.3}$$

求解此线性方程组,计算出 $F(k)$,分析直接计算所需要的计算量.直接按照定义计算 N 点序列的 N 点 DFT 时,每行含 N 个复数乘法和 N 个复数加法,从而直接按定义计算点的总计算量为 N^2 个复数乘法和 N^2 个复数加法.当 N 较大时,N^2 很大,计算量过大.例如,一般信号长度取为 $N=1024$,则计算所需的复数乘法为100万左右次,计算时间太长,代价太大.

例 3.1 对一个离散的长度为 16 的数字序列

$$f(n)=0.8\cos(0.4\pi n)+0.4\sin(0.5\pi n)\ (0\leqslant n\leqslant 15),$$

计算其离散傅里叶变换(DFT),并画出图像.

解 在 MATLAB 中没有实现离散傅里叶变换及其逆变换的内核函数,因此需要设计函数来实现 DFT 的调用.下面设计 dft( )和 idft( )函数如下:

```
function [Fk]=dft(fn,N)  %计算离散傅里叶变换
n=0:1:N-1;
k=0:1:N-1;
WN=exp(-1i*2*pi/N);  %定义旋转因子
nk=n'*k;
WNnk=WN.^nk;
Fk=fn* WNnk;
function [fn]=idft(Fk,N)  %计算逆离散傅里叶变换
n=0:1:N-1;
k=0:1:N-1;
WN=exp(-1i*2*pi/N);  %定义旋转因子
nk=n'*k;
WNnk=WN.^(-nk);
fn=(Fk*WNnk)/N;
```

在此例中,变换长度为 $N=16$,程序如下:

```
n=0:15;
x=0.8*cos(0.4*pi*n)+0.4*cos(0.5*pi*n);
subplot(3,1,1);stem(n,fn);title('原始 fn');xlabel('n');
N=16;
X=dft(x,N);
magF=abs(X);
angF=angle(X);
k=0:15;
subplot(2,1,1);stem(k,magF);title('fn的 DFT 幅度');xlabel('k');
subplot(2,1,2);stem(k,angF);title('fn的 DFT 相位');xlabel('k');
```

程序运行后,通过 $f(n)$ 计算出来的 $F(k)$ 如下:

```
F=Columns 1 through 5
0.8000    0.8648+0.1720i    1.1852+0.4909i    5.1878+3.4664i
```

```
2.3056-0.8944i
  Columns 6 through 10
-0.2467-0.3692i  -0.0797-0.1923i  -0.0171-0.0858i
 0.0000+0.0000i  -0.0171+0.0858i
  Columns 11 through 16
-0.0797+0.1923i  -0.2467+0.3692i  2.3056+0.8944i
 5.1878-3.4664i   1.1852-0.4909i  0.8648-0.1720i
```

$f(n)$ 的原始时域表示和 DFT 的幅度相位如图 3.1 所示.

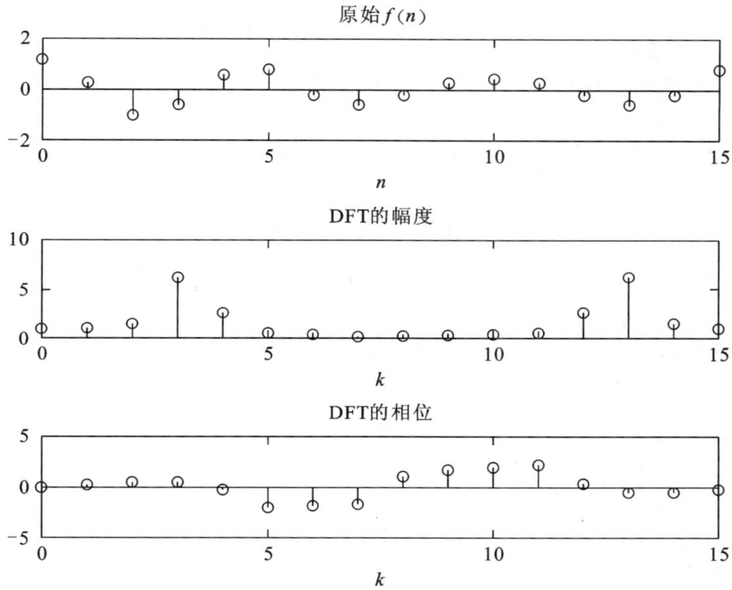

图 3.1　原始 $f(n)$,DFT 的幅度和相位

从图 3.1 中可以看出,在时域中信号是两个离散谐波的叠加,其振幅分别是 0.8 和0.4,角频率分别是 0.4π 和 0.5π,对应的离散傅里叶变换得到 16 个复数,分别用幅值和相位进行描述,在幅值的图中可以清晰观察到两个峰值点,对应于 $f(n)$ 在时域中的两个基频.

将长序列依次二分至最短的两点 DFT,并利用旋转因子的对称性和周期性来减少计算过程中的乘法次数,构造快速傅里叶变换(Fast Fourier Transform,FFT). 下面主要介绍经典的基于频域抽取的基 2 算法(2-based Decimation in Frequency,2-based DIF).

3.2　频域抽取的基 2 FFT 算法

因为需要将数字序列依次二分,所以为了讨论简便,假设所研究序列的长度是 2 的整次幂,对于一般长度的序列可以通过补零拉长至 2 的整次幂实现转换. 由定义

$$f(k)=\sum_{n=0}^{N-1}f(n)W_N^{kn}\quad(0\leqslant k\leqslant N-1). \tag{3.4}$$

首先由于序列长度是 2 的整次幂，因此可以把 $f(n)$ 按照前后分成两半，即 $f(n)$ 和 $f(n+N/2)\left(0\leqslant n\leqslant \frac{N}{2}-1\right)$，代入(3.4) 式得

$$f(k)=\sum_{n=0}^{N/2-1}f(n)W_N^{kn}+\sum_{n=0}^{N/2-1}f(n+N/2)W_N^{k(n+N/2)}\quad(0\leqslant k\leqslant N-1).\tag{3.5}$$

由于旋转因子的半周期性知

$$W_N^{k(n+N/2)}=W_N^{kn}W_N^{kN/2}=(-1)^kW_N^{kn},$$

从而可以将(3.5) 式两项合并为

$$f(k)=\sum_{n=0}^{N/2-1}[f(n)+(-1)^kf(n+N/2)]W_N^{kn}\quad(0\leqslant k\leqslant N-1).\tag{3.6}$$

当常数 $k=2r$ 为偶数时，$(-1)^k=1$，$W_N^{kn}=W_N^{2rn}=\mathrm{e}^{-i2\pi 2rn/N}=W_{N/2}^{rn}$，(3.6) 式变为

$$\begin{aligned}F(2r)&=\sum_{n=0}^{N/2-1}[f(n)+f(n+N/2)]W_{N/2}^{rn}\\&=\sum_{n=0}^{N/2-1}g(n)W_{N/2}^{rn}=G(r)\quad(0\leqslant r\leqslant N/2-1).\end{aligned}\tag{3.7}$$

当常数 $k=2r+1$ 为奇数时，$W_N^{kn}=W_N^{(2r+1)n}=\mathrm{e}^{-i2\pi(2r+1)n/N}=W_N^nW_{N/2}^{rn}$，(3.6) 式变为

$$\begin{aligned}F(2r+1)&=\sum_{n=0}^{N/2-1}\{[f(n)-f(n+N/2)]W_N^n\}W_{N/2}^{rn}\\&=\sum_{n=0}^{N/2-1}p(n)W_{N/2}^{rn}=P(r)\quad(0\leqslant r\leqslant N/2-1).\end{aligned}\tag{3.8}$$

这样就把一个长度是 N 点的序列($f(n)$)的 N 点 DFT($f(k)$)计算化成了两个 $N/2$ 点序列($g(n)$ 和 $p(n)$)的 $N/2$ 点 DFT($G(r)$ 和 $P(r)$)计算. 由 $f(n)$ 划分成 $g(n)$ 和 $p(n)$ 的计算量为 N 个复数加法，即

$$f(n)+f(n+N/2)\quad 和\quad f(n)-f(n+N/2)\quad(0\leqslant n\leqslant N/2-1);$$

和 $N/2$ 个复数乘法，即

$$[f(n)-f(n+N/2)]W_N^n\quad(0\leqslant n\leqslant N/2-1).$$

如法炮制，接着两个 $N/2$ 点 DFT 仍可用上述方法按照奇偶规律分解，从而共划分成 4 个 $N/2$ 点 DFT，总划分计算量仍是 N 个复数加法和 $N/2$ 个复数乘法. 这样的划分可一步步做下去，不难看出，每步的总划分计算量都是 N 个复数加法和 $N/2$ 个复数乘法.

最终，经过 $M-1$ 步的划分后就简化成了 $N/2$ 个如下两点 DFT 的计算问题：

$$\begin{cases}A=aW_2^{0\cdot 0}+bW_2^{0\cdot 1}=a+b,\\B=aW_2^{1\cdot 0}+bW_2^{1\cdot 1}=(a-b)\cdot W_2^0.\end{cases}\tag{3.9}$$

上式所需计算量是 2 个加法和 1 个复数乘法，于是完成 $N/2$ 个两点 DFT 的总计算量仍是 N 个复数加法和 $N/2$ 个复数乘法. 从而完成全部 N 点 DFT 的总计算量改变成为 $M\times N=N\log_2 N$ 个复数加法和 $M\times N/2=(N/2)\log_2 N$ 个复数乘法，相比于直接按定义计算所需的 N^2 个复数乘法和复数加法，用快速傅里叶变换算法计算量要少得多. 例如，$N=2^{10}=1024$，$M=10$，用快速傅里叶变换算法计算所需的复数乘法法个数为 $M\times N/2=$

5×1024,而直接按定义计算所需的复数乘法法个数为 $N^2=1024\times1024$,两者相差 $1024/5\approx200$ 倍.直观从时间复杂性考虑,若直接计算需 60 分钟,而用快速傅里叶变换计算只需大概 18 秒,可见其效率之高,而且序列的长度 N 越大,快速傅里叶变换的效率提高越明显.

另一方面,逆变换可以通过相似算法来实现.由 $f(k)$ 求 $f(n)$ 的计算,直接按定义

$$f(n)=\frac{1}{N}\sum_{k=0}^{N-1}f(k)W_N^{-kn}\quad(0\leqslant n\leqslant N-1)$$

做计算,则除了求和号和正变换相同的计算量外,每算一个 $f(n)$ 都还需再多做一个复数乘法 $1/N$ 的复数乘法运算.故按定义完成全部 N 点 DFT 的总计算量是 N^2 个复数加法和 $N(N+1)$ 个复数乘法.类似地,可以通过分解构造相似的快速算法.

例 3.2　对定义在单位区间上的连续信号(可以看成连续函数)

$$f(t)=0.8\cos(6.4\pi t)+0.4\sin(8\pi t),$$

以 $f_s=16$ Hz 采样频率进行采样,试应用快速傅里叶变换对采样后的离散序列进行变换计算 $F(k)$,并绘制图像.

解　以 $f_s=16$ Hz 采样频率进行采样,可以将 $f(t)=0.8\cos(6.4\pi t)+0.4\sin(8\pi t)$ 离散为 2^4 个采样值,即构成一个离散的 2 的整次幂序列

$$f(n)=f(t)\big|_{t=nT}=f(nT)=f(n/16)\quad(n=0,1,2,\cdots,15),$$

即

$$f(n)=0.8\cos(0.4\pi n)+0.4\sin(0.5\pi n)\quad(0\leqslant n\leqslant 15).$$

长度为 2^4,此处发现和例 3.1 处理的是同一个离散序列.

在 MATLAB 下应用内部函数简单地实现序列的快速傅里叶变换,其信号处理工具箱中提供了 4 个内部函数,分别是:

```
fft(x),  fft(x,L),  ifft(X),  ifft(X,L)
```

其中前两个用来计算正变换,后两个用来计算逆变换,参数 L 给出则强制计算 L 点的离散傅里叶变换,默认则计算 N 点的离散傅里叶变换.为了提高计算效率,应该尽量使序列的长度为 2 的整数次幂.程序如下:

```
N=16;
n=0:1:N-1;
k=0:1:N-1;
fn=0.8*cos(0.4*pi*n)+0.4*sin(0.5*pi*n);
subplot(3,1,1);stem(n,fn);title('原始 fn');xlabel('n');
F=fft(fn,16)
subplot(3,1,2);stem(k,abs(F));title('FFT 的幅值');xlabel('k');
subplot(3,1,3);stem(k,angle(F));title('FFT 的相位');xlabel('k');
```

其图像如图 3.2 所示,计算结果与离散傅里叶变换一样,只是改进的算法计算量大大节省了.

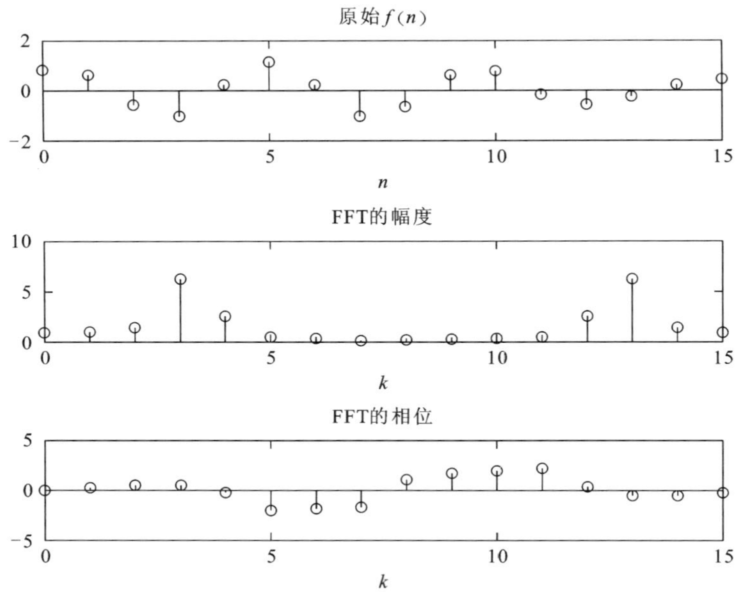

图 3.2　原始 $f(n)$，FFT 的幅度和相位

程序运行结果如下：

```
F= Columns 1 through 6
-0.0000  -0.0000+0.0000i  8.0000-0.0000i  0.0000-0.0000i
-0.0000-4.0000i  0.0000-0.0000i
Columns 7 through 12
0.0000-0.0000i  0.0000+0.0000i  -0.0000  0.0000-0.0000i
0.0000+0.0000i  0.0000+0.0000i
Columns 13 through 16
-0.0000+4.0000i  0.0000+0.0000i  8.0000+0.0000i
-0.0000-0.0000i
```

当然，借助 MATLAB 编程，也可以构造自己的 FFT 算法. 此处设计 FFT 函数，具体程序如下：

```
function [S]=myfft(S,M)
N=2^M;
LH= N/2;
J=LH;
N1=N-2;
for I=1:1:N1
   if I<J
      T=S(I+1);
```

```
            S(I+1)= S(J+1);
            S(J+1)=T;
        end
        K=LH;
        while J>=K
            J=J-K;
            K=K/2;
        end
        J=J+K;
    end
    for L=1:1:M
        B=2^(L-1);
        for J=0:B-1
            p=J*2^(M-L);
            for k=J:2^L:N-1
                T=S(k+1)+S(k+B+1)*exp(-i*2*pi*p/N);
                S(k+B+1)=S(k+1)-S(k+B+1)*exp(-i*2*pi*p/N);
                S(k+1)=T;
            end
        end
    end
```

应用 myfft 函数，调用上例中的信号，输入：

```
myfft(fn,4)
```

得到的结果如下：

```
ans=Columns 1 through 6
-0.0000  -0.0000+0.0000i  8.0000-0.0000i  0.0000-0.0000i
-0.0000-4.0000i  0.0000-0.0000i
Columns 7 through 12
0.0000-0.0000i  0.0000+0.0000i  -0.0000  0.0000-0.0000i
0.0000+0.0000i  0.0000+0.0000i
Columns 13 through 16
-0.0000+4.0000i  0.0000+0.0000i  8.0000+0.0000i
-0.0000-0.0000i
```

由结果可以看出，编写的 myFFT 算法得到的结果与 MATLAB 自带算法得到的结果相同.

习　题　3

3.1　如果一台通用计算机的速度为平均每次复乘需 100 μs，每次复加需 20 μs，今用来计算 $N=1024$ 点的离散傅里叶变换 DFT$[x(n)]$，请问用直接计算法运算需要多少时间？用快速傅里叶变换运算需要多少时间？

3.2　试作一个 $N=12$ 点的 FFT 流图，请按 $N=2,2,3$ 分解，并问可能有几种形式？

3.3　已知 $X(K)$，$Y(K)$ 是两个 N 点实序列 $x(n)$，$y(n)$ 的 DFT 值，今需要从 $X(K)$，$Y(K)$ 求 $x(n)$，$y(n)$ 值. 为了提高运算效率，试设计用一个 N 点 IFFT 运算一次完成.

3.4　已知 $X(K)$ $(K=0,1,\cdots,2N-1)$ 是 $2N$ 点实序列 $x(n)$ 的 DFT 值，现在需要由 $X(K)$ 求 $x(n)$ 值，为了提高运算效率，试设计一个 N 点 IFFT 运算一次完成.

第4章　遗传算法

4.1　遗传算法概述

遗传算法(Genetic Algorithm,GA)是霍兰德(Holland)根据达尔文适者生存的进化原则构造的启发型搜索算法,是进化计算中最主要的算法.遗传算法执行群体操作,以群体中的所有个体为操作对象,其主要操作是选择、交叉和变异.下面以一个函数极值求解问题为例,简要介绍遗传算法的基本概念.

问题:利用遗传算法求二元函数 $f(x,y)=x^2+y^2$ 的最大值.其中,x,y 都属于整数集合{1,2,3,4,5,6,7}.

显然,当 $x=y=7$ 时,函数取最大值 $f(x,y)=98$.问题是要求用遗传算法求解,步骤如下.

1. 个体编码

首先将自变量(x,y)的任一取值,如(4,7),编码为一个符号串.在此,将 $0\sim7$ 的整数 x 或 y 用二进制表示,写成三位0,1字符串.例如整数4写成100,7写成111,等等.那么两个这种三位0,1字符串串在一起可以表示整数对(x,y),例如100111表示整数对(4,7),等等.

借用生物学的说法,称符号串(如100111)为染色体,符号串中每个字符(如0或1)称为一个基因,字符在符号串中所占位置称为基因座.每个符号串(如100111)或者它所表示的自变量的取值[如(4,7)]称为一个个体,符号串(如100111)称为个体的基因型,所表示的自变量的取值[如(4,7)]称为个体的表现型.

2. 初始群体的产生

遗传算法是对由个体组成的群体进行的进化操作,需要准备表示起始搜索点的初始群体.本例中,将初始群体规模的大小取为4,即群体由4个个体组成,每个个体可通过随机方法产生.如表4.1的第二列所示,假设随机产生的初始个体为:011101,101011,011100,111001.

3. 适应度计算

遗传算法中以个体适应度的大小来评价个体的优劣程度,从而决定其遗传机会的大小.

本例中,因为目标函数总取非负值,并且是以求函数最大值为优化目标,所以直接用目标函数值作为个体的适应度. 例如个体 011101 表示自变量(3,5),对应的函数值为 $f(3,5) = 3^2 + 5^2 = 34$,那么个体 011101 的适应度为 34. 本例中每个个体的适应度如下表 4.1 的第四列所示.

表 4.1　选择运算过程及结果

个体编号	初始群体	x,y	适应度	选择概率	选择次数	选择结果
1	011101	3,5	34	0.24	1	011101
2	101011	5,3	34	0.24	1	111001
3	011100	3,4	25	0.17	0	101011
4	111001	7,1	50	0.35	2	111001
总和			143	1.00	4	

4. 选择运算

选择运算(或称为复制运算) 把当前群体中的个体按适应度大小遗传到下一代群体中. 一般要求适应度较高的个体有更多的机会遗传到下一代群体中.

本例中,采用适应度比例方法(Fitness Proportional Model) 来确定各个个体复制到下一代群体中的数量. 选择运算过程及结果如表 4.1 所示. 其具体操作过程是:

(1) 计算出群体中所有个体的适应度的总和 $F = \sum_{i=1}^{M} f_i$. 其中,M 为群体所含个体数,f_i $(i = 1,2,\cdots,M)$ 为第 i 个个体的适应度.

(2) 计算每个个体的相对适应度的大小 f_i/F $(i = 1,2,\cdots,M)$,表示各个体遗传到下一代群体中的概率.

(3) 计算所有概率值组成的(有限) 部分和序列. 因为全部概率值之和为 1,所以部分和序列的最后一个元素为 1. 例如表 4.1 中 1 ~ 4 号个体被遗传到下一代群体的概率依次为 0.24,0.24,0.17,0.35,那么部分和序列为 0.24,0.48,0.65,1.

(4) 产生一个 0 ~ 1 的随机数,依次将其与部分和序列中各元素相比较,找到部分和序列中第一个大于或等于随机数的元素. 它在部分和序列中排第几位,就表示此次选择第几个个体. 本例中,假如所产生的随机数为 0.70,那么因为第一个大于或等于 0.70 的部分和序列元素为 1,是部分和序列的第四个元素,所以随机数 0.70 就导致这次选择第四个个体.

(5) 重复步骤(4),直到所选择的个体数目满足要求.

适应度比例方法也称作赌轮选择. 图 4.1 描述了赌轮选择原理,图中的指针固定不动,外圈的圆环可以任意转动,圆环中的每一段刻度对应于某个待选项. 转动圆环,待圆环静止,指针指向哪一段刻度,就表示对应的待选项被选中. 从统计意义上讲,刻度段越长,对应的待选项被选中的概率越大. 适应度比例方法之所以称作赌轮选择,是因为其中步骤(3) 中各个体遗传到下一代的概率之和为 1,相当于图示中各刻度段排成一个圆环,步骤

(4) 中产生 0 ～ 1 的随机数落在某区间段就相当于指针随机指向某个刻度段.

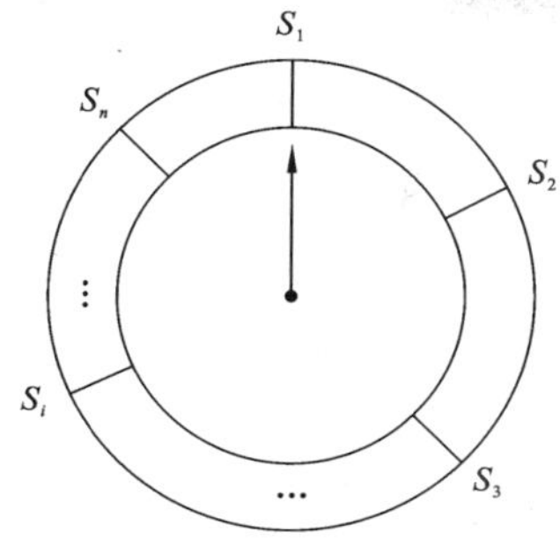

图 4.1　赌轮选择原理示意图

5. 交叉运算

交叉运算是遗传算法中产生新个体的主要操作过程,它以某一概率相互交换某两个个体之间的部分基因.本例采用单点交叉的方法,其具体操作过程是:

(1) 对群体进行随机配对.

(2) 随机设置交叉点位置.

(3) 按交叉概率交换配对染色体之间的部分基因.

单点交叉过程及结果如表 4.2 所示.

表 4.2　交叉运算过程及结果

个体编号	选择结果	适应度	配对情况	交叉点位置	交叉结果	适应度
1	011101	34		01 | 1101	011001	10
2	111001	50	1,2	11 | 1001	111101	64
3	101011	34	3,4	1010 | 11	101001	26
4	111001	50		1110 | 01	111011	58

可以看出,其中新产生的个体 111101 和 111011 的适应度较原来两个个体的适应度都要高.

6. 变异运算

变异运算是对个体的某一个或某一些基因座上的基因按某一较小的概率进行改变,它也是产生新个体的一种操作方法.本例中,采用基本位变异的方法来进行变异运算,如表 4.3 所示,其具体操作过程是:

(1) 确定出各个个体的基因变异位置,表 4.3“变异点”一栏显示随机产生的变异点位置,其中的数字表示变异点设置在该基因座处.

(2) 按变异概率将变异点的原有基因值取反.本例即是 0 变成 1,1 变成 0.

表 4.3 变异运算过程及结果

个体编号	交叉结果	适应度	变异点	变异结果	适应度	子代群体 $P(t)$
1	011001	10	4	011101	34	011101
2	111101	64	5	111111	98	111111
3	101001	26	2	111001	50	111001
4	111011	58	6	111010	53	111010

然后对群体 $P(t)$ 进行新一轮选择、交叉、变异运算之后可得到新一代的群体 $P(t+1)$. 从上述表 4.1 ～ 4.3 中可以看出，群体经过一代进化之后，其适应度的最大值、平均值都得到了明显的改进. 事实上，这里已经找到了最佳个体 111111. 需要说明的是，在实际运算过程中一般需要一定的循环次数才能达到这个最优结果.

上述例子说明，遗传算法就是用符号串(或称为染色体，比如上述例子中的 0,1 字符串) 表示自变量(比如上述例子中的 0 ～ 7 的整数构成的整数对)，然后按照一定的方法，对由多个符号串生成的群体进行选择、交叉、变异等遗传操作，找到问题的最优解或近似解的过程.

4.2 遗传算法举例

遗传算法可用于解决多种极值问题，得到问题的最优解或近似解. 在解决不同类型的问题时，所采用的编码方法、适应度函数以及遗传操作可能有很大的差异. 下面再举两个例子，结合 MATLAB 程序具体说明遗传算法的实现过程以及不同的问题导致的算法差异.

例 4.1 罗森布罗克(Rosenbrock) 函数为 $f(x_1, x_2) = 100(x_1^2 - x_2)^2 + (1 - x_1)^2$，试用遗传算法计算此函数在区域 $x_1 \in [-2.048, 2.048]$, $x_2 \in [-2.048, 2.048]$ 内的最大值.

解 运行如下 MATLAB 程序，即可得到函数的极大值点为 $f(-2.048, -2.048) = 3\,905.9262$.

```
clear all
clc
format long;  %设定数据显示格式
%初始化参数
T=100;  %进化代数
N=80;  %群体规模
pm=0.05;pc=0.8;  %交叉变异概率
umax=2.048;umin=-2.048;  %参数取值范围
L=10;  %单个参数字串长度,总码串长度 2L
bval=round(rand(N,2* L));  %初始种群
bestv=-inf;  %最优适应度初值
```

```
%迭代开始
for ii=1:T
%解码,计算适应度
for i=1:N
        y1=0;y2=0;
        for j=1:1:L
           y1=y1+bval(i,L-j+1)* 2^(j-1);
        end
        x1=(umax-umin)*y1/(2^L-1)+umin;
        for j=1:1:L
           y2=y2+bval(i,2*L-j+1)*2^(j-1);
        end
        x2=(umax- umin)*y2/(2^L-1)+umin;
        obj(i)=100*(x1*x1-x2).^2+(1-x1).^2;  %目标函数值
        xx(i,:)=[x1,x2];
end
func=obj;  %目标函数转换为适应度函数
p=func./sum(func);
q=cumsum(p);  %累加,形成部分和序列
[fmax,indmax]=max(func);  %求当代最佳个体
   if fmax>=bestv
      bestv=fmax;  %到目前为止最优适应度值
      bvalxx=bval(indmax,:);  %到目前为止最佳位串
      optxx=xx(indmax,:);  %到目前为止最优参数
   end
   Bfit1(ii)=bestv;  %存储每代的最优适应度
%%%%遗传操作开始,使用赌轮选择
for i=1:(N-1)
    r=rand;  tmp=find(r<=q);  newbval(i,:)=bval(tmp(1),:);
end
  newbval(N,:)=bvalxx;  %最优保留
  bval=newbval;
%%%%单点交叉
for i=1:2:(N-1)
   cc=rand;
   if cc<pc
    point=ceil(rand*(2*L-1));  %取得一个 1 到 2L-1 的整数
    ch=bval(i,:);
```

```
      bval(i,point+1:2*L)=bval(i+1,point+1:2*L);
      bval(i+1,point+1:2*L)=ch(1,point+1:2*L);
    end
  end
  bval(N,:)=bvalxx;  %最优保留
  %%%%位点变异
  mm=rand(N,2*L)<pm;  %N行2L列随机数,小于pm的元素变成逻辑数1,
                      %大于pm的元素变成逻辑数0
  mm(N,:)=zeros(1,2*L);  %最后一行不变异,强制赋0
  bval(mm)=1-bval(mm);  %矩阵mm中每个逻辑数1指示bval中与其位置相同的
                        %元素x变为1-x,即0,1互换
  end
  %输出
  plot(Bfit1);  %绘制最优适应度进化曲线
  bestv  %输出最优适应度值
  optxx  %输出最优参数
```

对上述程序说明如下：

(1) 确定编码方法. 这里用长度为 10 位的二进制编码串来分别表示变量 x_1 或 x_2. 10 位二进制编码串 0000000000(对应于十进制整数 0) 到 1111111111(对应于十进制整数 1023) 可以表示从 0 ～ 1023 的 1024 个不同的整数,故将 x_1 或 x_2 的定义域离散化为 1023 个均等的区间,区间端点共有 1024 个. 从离散点 $-2.048 \sim 2.048$,依次让它们分别对应于从 0000000000(0) ～ 1111111111(1023) 的二进制编码. 再将分别表示 x_1 或 x_2 的两个 10 位长的二进制编码串连接在一起,组成一个 20 位长的二进制编码串,就构成了这个函数优化问题的染色体编码. 例如 X:00001 1011111011 10001 就表示一个个体的基因型.

(2) 确定解码方法. 解码时先将 20 位长的二进制编码串切断为两个 10 位长的二进制编码串,然后分别将它们转换为对应的十进制整数,分别记为 y_1,y_2. 依据前述个体编码方法和定义域的离散化方法可知,将代码 $y_i(i=1,2)$ 转换为变量 $x_i(i=1,2)$ 的解码公式为

$$x_i = 4.096 \times \frac{y_i}{1023} - 2.048 \quad (i=1,2).$$

例如,对前述个体 X:0000110111 | 1101110001,它由这样的两个代码所组成:$y_1 = 55, y_2 = 881$,经上式的解码处理后,得到:$x_1 = -1.828, x_2 = 1.476$.

(3) 确定个体评价方法. 因为罗森布罗克函数的取值总是非负的,并且优化目标是求函数的最大值,这里可将个体的适应度直接取为对应的目标函数值,并且不再对它作其他变换处理,即个体(x_1,x_2) 的适应度为 $f(x_1,x_2)$.

(4) 设计遗传算法. 选择运算使用适应度比例方法;交叉运算使用单点交叉方法;变异运算使用基本位变异方法.

(5) 确定遗传算法的运行参数. 对于本例,设定基本遗传算法的运行参数如下：

群体大小 $N=80$,终止代数 $T=100$,交叉概率 $p_c=0.8$,变异概率 $p_m=0.05$.

下面只要将以上的程序段打印到一个新建的 m 文件中，然后运行这个 m 文件，就可以得到所需结果.

例 4.2　假设有一个商人，他希望从 n 个(n 可以设定，例如 $n=30$) 城市中某一城市出发，经过所有的城市，且每个城市只经过一次，然后又回到出发点. 试用遗传算法求出满足他的要求的最短路径. 这一问题称为旅行商问题(Travelling Salesman Problem，TSP).

分析　称每个城市只经过一次然后又回到起点的路径为有效路径. 若用穷举法考虑所有的有效路径，再通过比较长度来找到最佳路径，则其计算量随着城市数 n 的增加而急剧增长. 事实上，在 n 个城市的 TSP 中，一条有效路径可以看成 n 个城市的一种排列. n 个城市一共有 $n!$ 种排列，注意对于一种排列从哪个城市出发都可以，两个顺序完全相反的方案其行程相同，所以有效路径的数目为 $R_n=n!/(2n)$. 例如，$R_4=3$，$R_6=60$，$R_{10}=181440$，$R_{100}\approx 4.67\times 10^{155}$. 可见路径总数随 n 增大急剧增长，计算量很快增加到无法进行的地步.

解　由于程序比较冗长，这里分段加以说明. 首先给出主程序.

```
%程序段 1-主程序
function tsp( )
clc
clear all
M=80;  %群体初始规模(不同路径的个数)
N=30;  %城市数
mu=0.01;  %变异概率
count=900;  %遗传最大次数
CityCood=rand(2,N);  %城市坐标,这里用随机数表示,也可以用测量数据
DistanceMat=dist(CityCood',CityCood);  %城市间距离矩阵
temparr=zeros(1,N);
tempmin=10000;
fitarr=zeros(1,M);
group=zeros(M,N);
group=randarray(M,N);  %生成 M 个不同的 1-N 的任意排列作为初始群体,
                       %其中 randarray 是自定义的子函数
n1=floor(N/3);
n2=floor(N* 2/3);
n3=n2-n1;  %设定进化逆转码串的长度
count1=0;
for i=1:count
    k=1;
    [tempmin,k,fitarr]=MinDis(tempmin,group,DistanceMat,M,N,fitarr);
                                                %计算适应度并求出最优个体
```

```
    if k>0
        temparr=group(k,:);  %保存最优个体
        count1=0;
    else
       count1=count1+1;
         if count1==5  %路径长度5次不变增大变异概率
              mu=mu+0.1;
         end
    end
    group=selectgroup(group,fitarr,M);  %选择子代群体
    group=crossover(group,M,N);  %群体交叉
    group=mutation(group,mu,M,N);  %对路径群体进行变异操作
    group=Reversal(group,DistanceMat,M,N,n3,n1);  %进化逆转
end
arrx=zeros(1,N);
arry=zeros(1,N);
for i=1:N
    arrx(1,i)=CityCood(1,temparr(1,i));
    arry(1,i)=CityCood(2,temparr(1,i));
end
plot(arrx,arry,'* -')
```

主程序段的说明：给出城市数、初始群体及其规模（不同路径的个数）、遗传最大次数等参数，然后对群体计算适应度，进行选择、交叉、变异等遗传操作，最后画出路径图形. 注意，初始群体中每个个体是 $1-N$ 的一个排列（见语句 group=randarray(M,N)). 这里采用以遍历城市的次序排列进行编码的方法. 如码串 123456789 表示自城市 C_1 开始，依次经历城市 $C_2,C_3,\cdots,C_9$，最后返回城市 C_1 的遍历路径. 这是一种针对 TSP 问题的最自然的编码方式.

主程序段中含有 selectgroup，crossover，mutation，Reversal 等子函数，这些子函数都是自定义的. 自定义子函数的方法是：

(1) 第一行为函数申明语句 function$[y_1,y_2,\cdots,y_m]$=functionname$(x_1,x_2,\cdots,x_n)$，规定 $x_1,x_2,\cdots,x_n$ 为输入，$y_1,y_2,\cdots,y_m$ 为输出，其中的函数名(functionname)可以自选，例如 selectgroup，crossover 等等.

(2) 第二行可以开始编程，规定输入变量如何运算得到输出变量. 以下各程序段用来定义各个子函数.

```
%程序段2-MinDis子函数，输出适应度序列和最优个体
function [tempmin, k, fitarr] = MinDis (tempmin, group, DistanceMat, M, N,
                                        fitarr)
%求出最优群体和适应度函数
```

```
    k=0;
    for i=1:M   %求解出群体中最优的个体
        sum=0;
        for j=1:N-1
            sum=sum+DistanceMat(group(i,j),group(i,j+1));
        end
        sum=sum+DistanceMat(group(i,N),group(i,1));
        fitarr(1,i)=1/sum;
        if sum<tempmin
            tempmin=sum;
            k=i;
        end
    end
```

程序段 2 的说明:TSP 是寻找 n 个城市的排列,使有效路径长度

$$T_d = \sum_{i=1}^{n-1} d(C_{\Pi(i)}, C_{\Pi(i+1)}) + d(C_{\Pi(n)}, {}_{\Pi(1)})$$

取得最小值,式中 $\Pi(1), \Pi(2), \cdots, \Pi(n)$ 是 $1, 2, \cdots, n$ 的全排列,$d(C_i, C_j)$ 表示从城市 C_i 到 C_j 的距离,简记为 d_{ij}.

在利用遗传算法求解 TSP 时,适应度函数常取为有效路径长度的倒数,即 $f = \dfrac{1}{T_d}$.

```
%程序段 3-selectgroup 子函数,输出选择操作产生的新的群体
function group=selectgroup(group,fitarr,M)
                                %选择子代群体,采用二分法寻找随机个体
tempgroup=zeros(size(group));
fullfit=sum(fitarr);
fitarr=cumsum(fitarr)/fullfit;
for i=1:M
    k=rand(1);
    left=1;right=M;mid=0;
    while left<=right
        mid=(left+right)/2;
        mid=floor(mid);
        if mid==1
            break;
        elseif fitarr(1,mid)>=k & fitarr(1,mid-1)<k
            break;
        elseif k<=fitarr(1,mid-1)
            right=mid-1;
```

```
            else
                left=mid+1;
            end
        end
        tempgroup(i,:)=group(mid,:);
    end
    group=tempgroup;
```

程序段 3 的说明:所用的选择方法为适应度比例方法.

```
%程序段 4-crossover 子函数,输出交叉操作产生的新的群体
function  group=crossover(group,M,N)  %群体交叉
flagarr=zeros(1,M);
n=zeros(1,2);
arr1=zeros(1,N);
arr2=zeros(1,N);
for i=1:2:M
    while 1  %随机选择交叉区域
        n=ceil(rand(1,2)*N);
        if n(1,1)~=n(1,2)
            break;
        end
    end
  %OX 法交叉
    if n(1,1)>n(1,2)
        temp=n(1,1);n(1,1)=n(1,2);n(1,2)=temp;
    end
    length=n(1,2)-n(1,1)+1;
    arr1(1,1:length)=group(i,n(1,1):n(1,2));
    arr2(1,1:length)=group(i+1,n(1,1):n(1,2));
    length1=2*length;
    arr1(1,length+1:length1)=group(i+1,n(1,1):n(1,2));
    arr2(1,length+1:length1)=group(i,n(1,1):n(1,2));
    length1=length1+1;
    length=length1;
    for j=1:n(1,1)-1
        flag=1;
        for k=n(1,1):n(1,2)
            if group(i,j)==group(i+1,k)
                flag=0;
```

```
            break;
        end
    end
    if flag==1
        arr1(1,length)=group(i,j);    length=length+1;
    end
    flag=1;
    for k=n(1,1):n(1,2)
        if group(i+1,j)==group(i,k)
            flag=0;
            break;
        end
    end
    if flag==1
        arr2(1,length1)=group(i+1,j);    length1=length1+1;
    end
end
for j=n(1,2)+1:N
    flag=1;
    for k=n(1,1):n(1,2)
        if group(i,j)==group(i+1,k)
            flag=0;
            break;
        end
    end
    if flag==1
        arr1(1,length)=group(i,j);   length=length+1;
    end
    flag=1;
    for k=n(1,1):n(1,2)
        if group(i+1,j)==group(i,k)
            flag=0;
            break;
        end
    end
    if flag==1
        arr2(1,length1)=group(i+1,j);
        length1=length1+1;
```

```
        end
    end
end
```

程序段 4 的说明:对于 TSP 问题,基于上述顺序编码,如果先设置单个或者多个交叉点,然后交换两个数码串中由交叉点确定的部分数码,必然以极大的概率导致未能完全遍历所有的城市的非法路径,如 TSP 问题的两个路径为

$$123456789,\quad 987654321.$$

若用单点交叉,且交叉点随机选为 4,则交叉后产生的两个后代为

$$9876|56789,\quad 1234|54321.$$

显然,这两个子路径都没能遍历所有 9 个城市,都违反了 TSP 问题的约束条件.针对这一问题,需要对交叉操作做适当的修正,使其自动满足 TSP 问题的约束条件.在此采用顺序交叉法(Order Crossover,OX).对如下两个码串 A,B,首先选择一个匹配区域:

$$A=91|456|7832,\quad B=68|123|9547.$$

然后,根据匹配区域的映射关系,在其区域以外的相应位置标记 H,得

$$A_1=9\mathrm{H}|456|78\mathrm{HH},\quad B_1=\mathrm{H}8|123|9\mathrm{HH}7.$$

再移动匹配区至起点位置,且在其后预留相等于匹配区间的空间(H 的数目),然后将其余的码按相对次序排列在预留区域后面,得到

$$A_2=456|\mathrm{HHH}|789,\quad B_2=123|\mathrm{HHH}|978.$$

最后将父串 A,B 的匹配区域相互交换,并放置到 A_2,B_2 的预留区域内,即可得到两个子代

$$A_3=456|123|789,\quad B_3=123|456|978.$$

OX 法在两个父串相同的情况下,能产生有一定改变的子串,这对于维持群体内个体的多样性具有一定的作用.

```
%程序段 5-mutation 子函数,输出变异操作产生的新的群体
function group=mutation(group,mu,M,N)  %群体变异
n=mu*M;
n1=[0 0];
for i=1:n
    j=ceil(rand(1)*M);
    while 1  %随机选择交叉区域
        n1=ceil(rand(1,2)*N);
        if n1(1,1)~=n1(1,2)
            break;
        end
    end
    temp=group(j,n1(1,1));group(j,n1(1,1))=group(j,n1(1,2));
        group(j,n1(1,2))=temp;
end
```

程序段 5 的说明:针对 TSP 问题主要的变异技术如下.

(1) 对换变异.随机选择码串中两点作为对换点,对换其值.例如,设码串 A 为

$$A=123456789,$$

选择对换点为 3 和 8,则经对换后变为

$$A_1=128456739.$$

(2) 插入变异.从码串中随机选择一个码,将此码插入随机选择的插入点中间.例如对于上述串 A,若取插入码为 6,选取插入点位 3 与 4 之间,则有

$$A_2=123645789.$$

本段采用对换变异.

```
%程序段 6-Reversal 子函数,输出进化逆转操作产生的新的群体
function group=Reversal(group,DistanceMat,M,N,n3,n1)
temparr=zeros(1,N);
for i=1:M
    m1=floor(rand(1)* n3)+n1;
    m2=ceil(rand(1)* (N-m1-1));  %进化逆转的起点
    sum=0;
    for j=1:N-1
        sum=sum+DistanceMat(group(i,j),group(i,j+1));
    end
    sum=sum+DistanceMat(group(i,N),group(i,1));
    for j=m2:m2+m1-2
        if j==1
            continue;
        end
        for k=j+1:m2+m1-1
            d1=DistanceMat(group(i,j-1),group(i,k))
               +DistanceMat(group(i,j),group(i,k+1));
            d2=DistanceMat(group(i,j-1),group(i,j))
               +DistanceMat(group(i,k),group(i,k+1));
            if d1<d2
              temparr=group(i,:);
              temparr(1,j:k)=fliplr(temparr(1,j:k));
              sum1=0;
              for h=1:N-1
             sum1=sum1+DistanceMat(temparr(1,h),temparr(1,h+1));
              end
            sum1=sum1+DistanceMat(temparr(1,N),temparr(1,1));
             if sum1<sum
```

```
                for h=n1+1:N
                    group(i,h)=temparr(h-n1);
                end
                for h=1:n1
                    group(i,h)=temparr(N-n1+h);
                end  %如上两个 for 循环是从 N/3 处将路径重排,增强效率
            end
        end
      end
    end
  end
```

程序段 6 的说明:进化逆转操作是在串中随机选择两点(两点间称为逆转区域),再将逆转区域内的子串按反序插入到原位置.例如,设串 A 为

$$A=123|456|789,$$

若选择逆转点为 3,6,则进化逆转后串 A 变为

$$A_1=123|654|789.$$

对于一个给定串的两码间是否要执行进化逆转操作,须经判断决定.例如,设码串 A 为

$$A=C_1C_2\cdots C_jC_{j+1}\cdots C_n.$$

先对 C_i 和 C_j 进行判断,若

$$d_{ij}+d_{i+1,j+1}<d_{i,i+1}+d_{j,j+1}, \tag{4.1}$$

则定义

$$A=C_1C_2\cdots C_i|\ C_{i+1}\cdots C_j|\ C_{j+1}\cdots C_n$$

中由"|　|"括住的部分为逆转区域,然后执行进化逆转操作.如图 4.2 所示,可以看出,进化逆转操作可以避免出现路线交叉,从而缩短了路线长度.

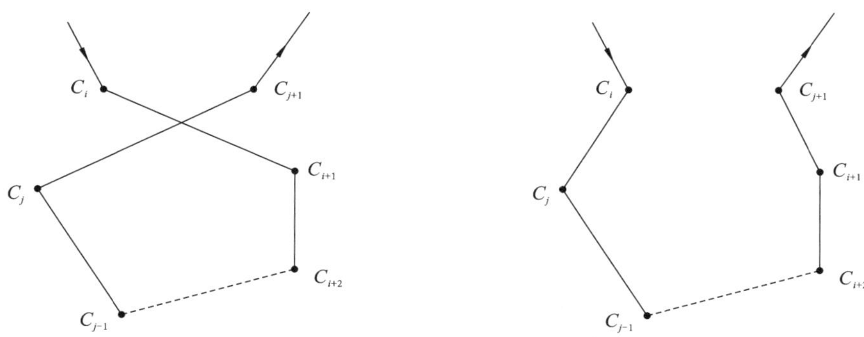

图 4.2　进化逆转前后路线

对于上述进化逆转操作的执行,首先要根据问题的要求和不同的遗传操作组合来决定逆转判断长度 l,然后在父串中随机选取长度为 l 的子串,对该子串中的每一位码与其他所有位码进行形如式(4.1)的判断,并且当进化逆转使串的适应度提高时执行进化逆转操作,如此反复,直到不存在这样的进化逆转操作为止.进化逆转操作在求解 TSP 的遗

传算法中不可忽视,适当选取逆转判断长度,可使优化质量和效率得以双重改进.

最后,程序段 7 是主程序段中的一个子函数 randarray,用来生成 M 个不同的 $1\sim N$ 的任意排列作为初始群体.

```
%程序段 7-randarray 子函数,输出 M 个不同的 1~N 的任意排列作为初始群体
function group=randarray(M,N)
k=1;
flag=0;
temparr=zeros(1,N);
while k<=M
    temparr=randperm(N);
    flag=1;
    for j=1:k-1
        if group(j,:)==temparr
            flag=0;
            break;
        end
    end
    if flag==1
        group(k,:)=temparr;
        k=k+1;
    end
end
```

下面只要将以上的程序段 1～7 按顺序打印到一个新建的 m 文件中,然后运行这个 m 文件,就可以得到一幅图形,图形中的折线表示旅行商问题的一条有效路径. 运行结果如图 4.3 所示.

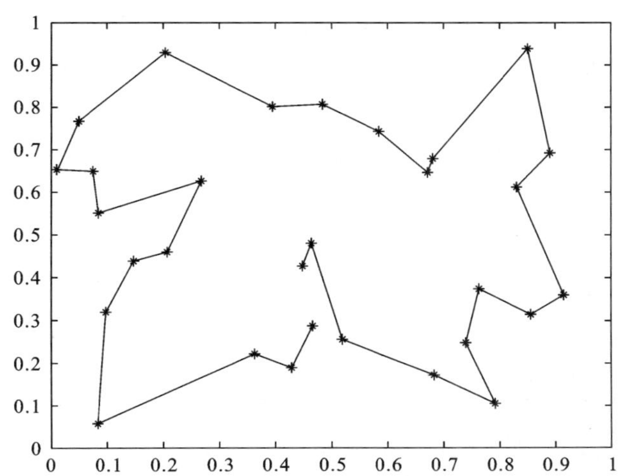

图 4.3　TSP 的有效路径

习　题　4

4.1　在MATLAB的命令窗口(Command Window)输入“help mesh”(输入时不带引号),查看绘制立体图形命令 mesh 的用法,然后用 mesh 命令绘制例 4.1 中 Rosenbrock 函数在区域 $x_1 \in [-2.048, 2.048]$,$x_2 \in [-2.048, 2.048]$ 上的立体图形,检验例 4.1 中的程序是否正确.

4.2　太阳能电池在无光照情形下的等效电路方程为

$$J = J_0\left[\exp\left(\frac{e(V-JR_S)}{nK_BT}\right)-1\right]+\frac{V-JR_S}{R_P},$$

其中,已知的物理常数有:电荷量 $e = 1.60\times10^{-19}$ C,玻尔兹曼常数 $K_B = 1.38\times10^{-23}$,另外温度 $T = 300$ K 为实验过程中测出来的常数.要求通过上述方程,结合表 4.4 的 51 组数据解出 R_S, R_P, J_0, n 的数值,并拟合出表 4.4 的数据的 J-V 曲线.其中 R_S, R_P, J_0, n 的取值范围为 $R_S \in [0,30]$,$R_P \in [0,5000]$,$J_0 \in [10^{-5}, 10^{-3}]$,$n \in [1,3]$.

表 4.4　太阳能电池电压-电流数据

序号	V/V	J/(mA/cm²)	序号	V/V	J/(mA/cm²)	序号	V/V	J/(mA/cm²)
1	−0.2	−0.005 8	18	0.14	0.03	35	0.48	0.248 75
2	−0.18	−0.005 47	19	0.16	0.039 5	36	0.5	0.307 5
3	−0.16	−0.005 45	20	0.18	0.040 5	37	0.52	0.342 5
4	−0.14	−0.013 3	21	0.2	0.044 5	38	0.54	0.395
5	−0.12	−0.027 25	22	0.22	0.056 75	39	0.56	0.485
6	−0.1	−0.020 7	23	0.24	0.063 5	40	0.58	0.572 5
7	−0.08	−0.0160 5	24	0.26	0.069 5	41	0.6	0.685
8	−0.06	−0.014 45	25	0.28	0.075 5	42	0.62	0.83
9	−0.04	−0.005 58	26	0.3	0.081 5	43	0.64	1.015
10	−0.02	−0.002 85	27	0.32	0.089 25	44	0.66	1.292 5
11	0	−0.000 085 75	28	0.34	0.103 5	45	0.68	1.65
12	0.02	0.006 55	29	0.36	0.120 25	46	0.7	2.11
13	0.04	0.010 13	30	0.38	0.129 5	47	0.72	2.7
14	0.06	0.018 47	31	0.4	0.141 75	48	0.74	3.525
15	0.08	0.019 3	32	0.42	0.164	49	0.76	4.525
16	0.1	0.027	33	0.44	0.184 5	50	0.78	5.75
17	0.12	0.031 5	34	0.46	0.224 25	51	0.8	7.25

注意,上述各个物理量的单位:电荷量 $e = 1.60\times10^{-19}$ C,温度 $T = 300$ K,电压 V(V),电流密度 J_0、J/(mA/cm²),电阻 R_S、R_P(kΩ · cm²).

第 5 章　禁忌搜索算法

5.1　禁忌搜索算法概述

禁忌搜索(Tabu Search 或 Taboo Search,简称 TS)算法是继遗传算法之后出现的又一种优化算法,于1986年由Glover提出.禁忌搜索算法模仿人类的记忆功能,使用禁忌表来封锁刚搜索过的区域来避免迂回搜索,保证搜索的多样性,同时赦免禁忌区域中的一些优良状态,从而达到全局优化.

下面以四城市非对称 TSP 问题为例,简要介绍禁忌搜索算法的基本概念.

如图 5.1 所示,A、B、C、D 四个字母分别代表四个城市,它们之间的路程如下面的图形所示.注意两城市之间来回的路程不一定相等,例如A到C的路程为0.5,而C到A的路程为 1.5.

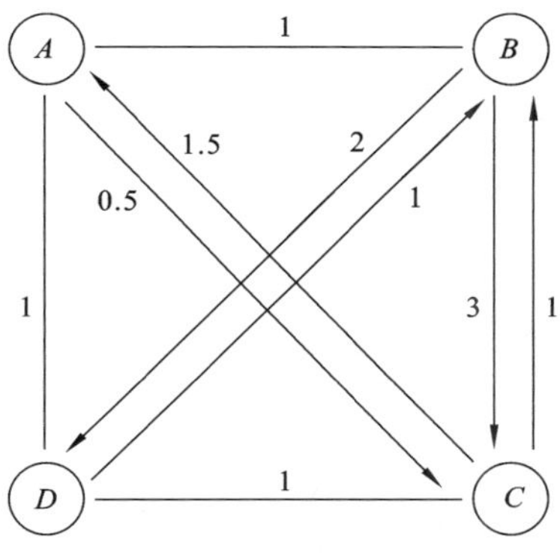

图 5.1　四城市路程示意图

这四个城市之间的路程也可以用下面的矩阵表示.例如,A 到 C 的路程对应第一行第三列的元素 0.5,而 C 到 A 的路程对应第三行第一列的元素 1.5.显然这个矩阵也不是对称的.

$$\boldsymbol{D}=(d_{ij})=\begin{bmatrix}0 & 1 & 0.5 & 1\\ 1 & 0 & 3 & 2\\ 1.5 & 1 & 0 & 1\\ 1 & 1 & 1 & 0\end{bmatrix}$$

要求用禁忌搜索算法找到走遍这四个城市,最后回到出发城市的最短路径.

算法步骤如下表 5.1 所示.

表 5.1　四城市非对称 TSP 问题禁忌搜索算法步骤

步骤	顺序	路程	交换	交换后路程	选择交换	任期 23/34/42
1	1234	6	23/34	4.5/5.5	23	2/0/0
2	1324	4.5	23/34	6/6.5	34	1/2/0
3	1423	6.5	23/42	4/5.5	23	2/1/0
4	1432	4	23/42	6.5/6	42	1/0/2
5	1234	6	34/42	5.5/4	34	0/2/1
6	1243	5.5	23/42	3.5/6.5	23	2/1/0
7	1342	3.5	34/42	4/4.5	42	1/0/2
8	1324	4.5	23/34	6/6.5	34	0/2/1

下面利用上述表格来解释禁忌搜索算法的一些概念.

1. 编码

初始解为 $(ABCD)$，表示由 A 城市出发，然后分别经过 B、C、D 三个城市，最后回到 A 城市的路径. 为便于计算机识别，一般会将四个城市 A,B,C,D 与数字对应，例如分别记为 1,2,3,4，于是初始解可以记为 $x_0=(1234)$.

2. 目标函数

初始解 $x_0=(1234)$ 对应路程 $f(x_0)=6$，作为路径 x_0 的评价指标. 这里，路径的长度称为算法的目标函数，如表 5.1 的第三列所示.

3. 移动

下面通过两个城市的顺序对换来产生新的路径. 不失一般性，本例中还假设所有路径的始、终点都是 A 城市，并且两个城市的顺序对换仅限于 B 与 C、C 与 D、D 与 B 这三种对换，分别以 23、34、42 表示.

例如，上述表格中步骤 1 的第二列所示初始解 $x_0=(1234)$，经过步骤 1 的第六列的对换 23，变成步骤 2 的第二列所示新的路径(1324)；然后路径(1324) 经过步骤 2 的第六列的对换 34，变成步骤 3 的第二列所示新的路径(1423)，等等.

当然，也可以通过其他方式由当前路径产生新的候选路径. 禁忌搜索算法中由当前解产生候选解的方式称为移动.

假设每一步先随机产生三种对换 23、34、42 之中的两种，得到两个新的路径(候选解)供择优挑选. 上面表格的第四列显示每一步随机产生的两个对换.

4. 禁忌长度

为了避免循环搜索，规定每一个对换(例如 23) 一旦被选中，后面若干步一般不允许选中这一对换. 这里所说的不允许再被选中的步数称为禁忌长度. 本例中禁忌表的长度规定为 2，也就是说每一个对换一旦被选中，后面 2 步一般不再选中这一对换.

5. 禁忌表

禁忌搜索算法的关键要素之一是禁忌表. 列出一个表格,记录哪些对换不能被选中,或者被禁忌,这个表格称为禁忌表. 上面表格的最后一列为禁忌表.

本例中,禁忌表的记录方式为记录禁忌对象的任期. 例如在第 6 步,对换 23 被选中,那么在这一步记它的任期为 2,下一步记它的任期为 1,再下一步记它的任期为 0. 一个对换任期为 2 或 1 时被禁忌,任期为 0 以后允许再被选中. 注意一个对换被选中以后任期更新为 2.

6. 特赦准则

可以规定在某种特殊情况下,禁忌表中被禁忌的对象允许被选中,称这一规定为特赦准则. 特赦准则是禁忌搜索算法的第二关键要素. 本例中,规定如果一个被禁忌对换在某一步能够得到优于历史最优的解,那么它被选中,也就是解禁.

上面表格的第 3 步就使用了特赦准则. 本来对换 23 被禁忌,但是因为它产生的路径(1432) 长度为 4,优于历史最短长度 4.5,所以仍然被选中. 注意被选中以后任期更新为 2.

最后,假设规定算法步数为 8 步,可以看出最优路径 1342(对应城市顺序 ACDB) 出现在第七步,作为算法运行的结果.

5.2　禁忌搜索算法举例

下面以多城市对称 TSP 为例,说明如何使用禁忌搜索算法.

例 5.1　TSP 详细解释见例 4.2,现假定已知 34 个城市的平面坐标(见下文程序段 1),试用禁忌搜索算法求出最短路径.

解　由于程序比较冗长,下面分段加以说明.

```
%程序段 1-参数设置,随机生成初始解
function TSP
clc;clear all;
City_Coordinates=[116.46,117.2,121.48,106.54,91.11,87.68...
106.27,111.65,108.33,126.63,125.35,123.38,114.48,112.53,101.74...
117,113.65,118.78,117.27,120.19,119.3,115.89,113,114.31...
113.23,121.5,110.35,103.73,108.95,104.06,106.71,102.73...
114.1,113.33,39.92,39.13,31.22,29.59,29.97,43.77,38.47...
40.82,22.84,45.75,43.88,41.8,38.03,37.87,36.56,36.65...
34.76,32.04,31.86,30.26,26.08,28.68,28.21,30.52,...
23.16,25.05,20.02,36.03,34.27,30.67,26.57,25.04,22.2,22.13]';
                                                    %输入城市坐标
```

```
CityNum=size(City_Coordinates,1);
Dist_matrix=dist(City_Coordinates,City_Coordinates');  %产生距离矩阵
Candidate_Num=ceil(CityNum* CityNum/3);  %候选解个数
Candidate_list=zeros(Candidate_Num,CityNum);  %候选解初始化
ResSolu_Num=ceil(Candidate_Num/5);  %保留解个数
ResSolu_list=zeros(ResSolu_Num,CityNum);  %保留解初始化
S0=randperm(CityNum);  %#1
Tabu_list=zeros(CityNum);  %#2
Tabu_length=ceil(CityNum^0.5);  %禁忌长度
Bsf_solu=S0;  %设置初始最优路径
Bsf_pathlength=Inf;  %设置最优路径的初始长度
StopL=10* CityNum;  %最大迭代次数
```

程序段 1 的说明:本段程序主要完成参数设置和生成初始解.

其中注释 #1 对应语句利用 randperm(CityNum)命令得到 1-CityNum 的一个随机全排列,产生初始解 S0.

注释 #2 对应语句产生初始化的禁忌表(tabu list),我们将在程序段 2 中看到,候选解就是通过对换初始路径 S0 中两个城市或逆转这两个城市中间的部分路径产生新的路径,而所有对换或部分路径逆转都可以用一个数对表示,而这些数对又可以比较方便地记录在阶数为 CityNum 的方阵中,所以使用方阵作为禁忌表.

其他语句输入城市坐标,产生距离矩阵,设置候选解、保留解个数、迭代次数等等.

```
%程序段 2-随机生成两两不同的交换序列,并生成候选解和保留解
p=1;  %p 用来记录迭代次数
while (p<StopL)  %算法终止规则为:达到最大迭代次数
    i=1;  %#3
    A=zeros(Candidate_Num,2);  %A 用于记录交换序列
    while i<=Candidate_Num
        M=CityNum*rand(1,2);
        M=ceil(M);  %M 为随机产生的 1-CityNum 中两个自然数
        if M(1)~=M(2)
            m1=min(M(1),M(2));
            m2=max(M(1),M(2));
            A(i,1)=m1;A(i,2)=m2;  %A 中该行元素的第一个较小,第二个较大
            if i==1
                appeared=0;
            else
                for j=1:i-1
                    if A(i,1)==A(j,1)&&A(i,2)==A(j,2)
```

```
                    appeared=1;
                    break;
                else
                    appeared=0;
                end
            end
        end
        if ~appeared  %相当于 if appeared=0
            i=i+1;
        else
            i=i;
        end
    else
        i=i;
    end
end
for i=1:Candidate_Num  %#4
    Candidate_list(i,:)=S0;  %设置候选解的每一行为 S0
    if rand>0.5
    Candidate_list(i,[A(i,1),A(i,2)])=S0([A(i,2),A(i,1)]); %#5
    else
    Candidate_list(i,[A(i,1):A(i,2)])=fliplr(S0([A(i,1):A(i,2)])); %#6
    end
    Pathlength(i)=Pathlength(Dist_matrix,Candidate_list(i,:));
                                                    %第 i 个候选解总长度
      if i<=ResSolu_Num  %#7
          ResSolu_list(i,:)=Candidate_list(i,:);
      else
          for j=1:ResSolu_Num
              if Pathlength(i)<Pathlength(j)
                  Pathlength(j)=Pathlength(i);
                  ResSolu_list(j,:)=Candidate_list(i,:);
                  A(j,:)=A(i,:);
                  break;
              end
          end
      end
end
```

程序段 2 的说明:随机生成两两不同的数对序列,并由这些数对序列和初始解生成候选解和保留解.

从注释＃3 对应的语句起直到注释＃4 对应的语句之前，这些语句用来生成两两不同的数对序列. 每个数对代表两个不同城市，用来代表对换的两个城市或者逆转的一段路经的起点和终点.

注释＃5 和＃6 对应的这两个语句生成所有的候选解，两种生成方式是随机选择的.

注释＃5 对应的语句利用数对[A(i,1)，A(i,2)]交换所对应的两个城市在初始解 S0 中的排列位置，得到候选解 Candidate_list(i,:).

注释＃6 对应的语句将数对 A(i,1)，A(i,2)所代表的部分路径逆转，也就是颠倒过来走这段路经. 路径逆转可举例如下：假设有 9 个城市的排列 S1＝254687391，现在 A(i,1)＝3，A(i,2)＝7，那么如下竖线中间部分路径逆转

$$S1=25|46873|91,$$

得到新的路径

$$S2=25|37864|91.$$

从注释＃7 对应的语句起直到本段结束，用来生成保留解. 通过比较路径远近，保留部分较近的路径，同时记录这些路径的长度和对应的数对.

```
%程序段 3- 寻找保留解中最优解，使用特赦准则或任期到零准则替换初始解
current_Bsf_pathlength=Pathlength(1);  %#8
record_i=1;  %最优解的序号为 record_i
for i=2:ResSolu_Num
    if Pathlength(i)<current_Bsf_pathlength
        current_Bsf_pathlength=Pathlength(i);
        record_i=i;
    end
end
if Pathlength(record_i)<Bsf_pathlength  %#9
    Bsf_pathlength=Pathlength(record_i);
    S0=ResSolu_list(record_i,:);  %S0 更新
    Bsf_solu=S0;  %记录保留解中最优解的路径
    for m=1:CityNum
        for n=1:CityNum
            if Tabu_list(m,n)~=0
            Tabu_list(m,n)=Tabu_list(m,n)- 1;
                                          %如果禁忌表 m,n 位置不为 0,减 1
            end
        end
    end
    Tabu_list(S0(A(record_i,2)),S0(A(record_i,1)))=Tabu_length;
```

```
                                                              %#10
    else
    for i=1:ResSolu_Num  %#11
    if Tabu_list(S0(A(i,1)),S0(A(i,2)))==0
      S0=ResSolu_list(i,:);  %S0更新
        for m=1:CityNum
          for n=1:CityNum
            if Tabu_list(m,n)~=0
              Tabu_list(m,n)=Tabu_list(m,n)-1;
            end
          end
        end
        Tabu_list(S0(A(i,2)),S0(A(i,1)))=Tabu_length;
        break;
        end
    end
  end  %#12
  p=p+1;
  figure(1)
  plot(p,Bsf_pathlength)
  hold on
  end
  BestShortcut=Bsf_solu  %显示历史最优解的城市序列
  TheMinPathlength=Bsf_pathlength  %显示历史最优解的总长度
  figure(2)
  plot(City_Coordinates([Bsf_solu,Bsf_solu(1)],1),...
  City_Coordinates([Bsf_solu,Bsf_solu(1)],2),'* - ');
  end
```

程序段 3 的说明:这段程序寻找保留解序列 ResSolu_list 中最优解,使用特赦准则或任期到零准则替换初始解,然后记录求得的路径及其长度,画出路径图形.

从注释#8 对应的语句起直到注释#9 对应的语句之前,这些语句通过比较路径长短,得到最优的保留解.

从注释#9 对应的语句起直到注释#10 对应的语句,这些语句利用特赦准则,将优于历史最优解的路径解禁,也就是用最优保留解代替历史最优解 Bsf_solu,并且初始解 S0 也由最优保留解代替.首先判断最优保留解长度小于历史最短长度 Bsf_pathlength 成立,这时不管保留解中的最优解是否处于被禁忌(任期是否为零),都将历史最优解替换为最优保留解,并且保留解对应禁忌表位置完全更新,也就是将它所对应的数对的任期设为禁

忌长度.

从注释＃11 对应的语句起直到注释＃12 对应的语句，这些语句首先判断本轮最优保留解的长度大于历史最优解的长度 Bsf_pathlength，但是某些保留解所对应的数对已经解禁. 这时利用任期到零准则，将搜索到的第一个任期到零的路径解禁，也就是用任期到零的保留解代替初始解，然后终止搜索.

如果这一轮迭代 S0 发生变化，那么只有两种情形：

(1) 本轮的最优保留解优于历史最优解，这时运用特赦准则，本轮最优解所对应的对换被直接解禁，不管这个对换是否被禁止，并且 S0 和历史最优解都替换为本轮最优解.

(2) 本轮最优保留解差于历史最优解，但是某些保留解所对应的数对已经解禁，这时 S0 替换为本轮保留解中被解禁的一个解. 两种情况下禁忌表中不为 0 的数值都减 1，表示被禁忌对象(数对)任期减 1.

如果这一轮迭代 S0 没有发生变化，那么本轮最优保留解差于历史最优解，并且所有保留解所对应的对换也没有解禁.

这里设置多个保留解，而不直接找到本轮最优解然后进行后面特赦准则和任期到零准则的操作，好处在于：

(1) 保留解个数较多，在上述 S0 发生变化的第二种情形，也就是本轮最优保留解差于历史最优解的情形下，增加了搜索到被解禁的数对的概率，这样增加了初始解 S0 被改变的可能性，进而扩大了搜索空间.

(2) 还是在上述 S0 发生变化的第二种情形下，保留解还是经过挑选的较好的解，这样保证被解禁的数对所对应的两城市对换或部分路径逆转不算“很差”的操作，所以起到一定的优化作用.

```
%程序段 4:用来计算路径长度的子函数
function Pathlength=Pathlength(Dist_matrix,s)
Pathlength=0;
n=size(s,2);
for i=1:(n-1)
    Pathlength=Pathlength+Dist_matrix(s(i),s(i+1));
end
Pathlength=Pathlength+Dist_matrix(s(n),s(1));
end
```

程序段 4 的说明：用来计算路径长度的子函数，用来求取经过一个城市序列的路径长度，例如[3 1 2]即是路径 3→1→2→3 的总长度.

下面只要将以上的程序段 1～4 按顺序打印到一个新建的 m 文件中，然后运行这个 m 文件，就可以得到一幅图形，图形中的折线表示旅行商问题的一条有效路径. 运行结果如图 5.3 所示. 图 5.2 显示程序运行过程中迭代次数和历史最优路径长度的关系.

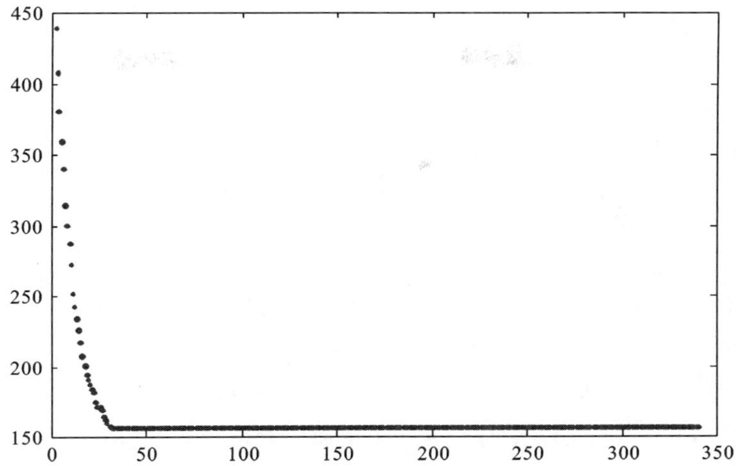

图 5.2　TSP 问题迭代次数-历史最优路径长度曲线

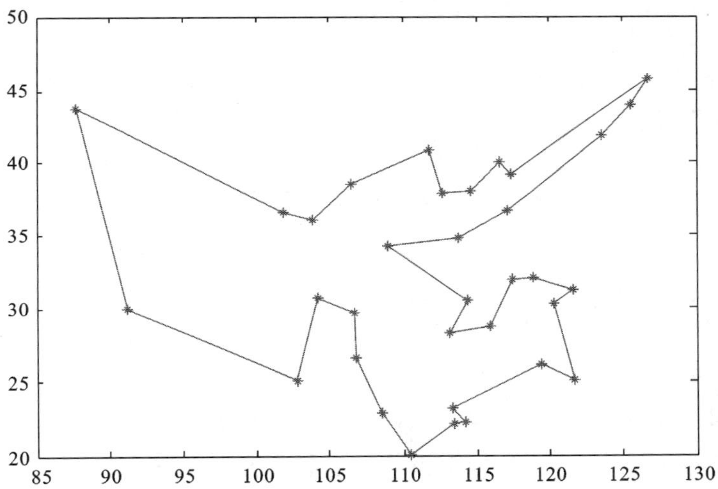

图 5.3　TSP 问题的有效路径

习　题　5

1. 试用禁忌搜索算法解决如下背包问题:7 件财宝的价值和质量分别为 $p_i, m_i (i = 1, \cdots, 7)$,某人能背动的质量为 120,请问他选择哪几件财宝才能背走尽量多的财宝价值.(p_i, m_i 请自行设定,可以使用如下方式:问题的候选解设为 $X = [x_1, x_2, \cdots, x_7]$,$x_i = 1$ 表示选择财宝 i,$x_i = 0$ 表示不选择财宝 i,可选择初始解 $x_0 = [1010101]$,邻域搜索可选择加 1 减 1 运算.)

2. 车辆运输问题为:假设有一个仓库和 m 个城市,一辆载重为 a 的汽车每次从仓库出发,给若干城市运送物品,然后又回到仓库装载货物,从而满足所有城市的需求.试自行设定城市、仓库坐标、汽车载重、每个城市的需求量 $q_i (i = 1, 2, \cdots, m)$,然后用禁忌搜索算法计算最优运输路径.

第 6 章　神经网络算法

人工神经网络(Artificial Neutral Network,ANN)是由大量简单的基本元件——神经元相互连接,通过模拟人类大脑神经处理信息的方式,进行信息并行处理和非线性转换的复杂网络系统.神经网络的优点是,多输入和多输出实现了数据的并行处理以及自学习的能力.人工神经网络是当前国际学术界十分活跃的前沿研究领域,在控制与优化、预测与管理、模式识别与图像处理、通信等方面得到了十分广泛的应用.前向反馈(Back Propagation,BP)神经网络和径向基函数(Radial Basis Function,RBF)神经网络是目前技术最成熟、应用范围最广泛的两种网络.

本章主要介绍前向反馈(BP)神经网络和径向基函数(RBF)神经网络的原理及其在分类、预测、滤波等问题中的应用.

6.1　BP 神经网络

6.1.1　BP 神经网络原理

BP 神经网络是一种具有三层或三层以上的多重神经网络,每一层都有若干个神经元组成,如图 6.1 所示,它的左、右各层之间各个神经元实现全连接,即左层的每一个神经元与右层的每个神经元都有了连接,而上下各神经元之间无连接.BP 神经网络按有导师学习方式进行训练,当一对学习模式提供给网络后,其神经元的激活值将由输入层经各隐含层向输出层传播,在输出层的各神经元输出对应于输入模式的网络响应.然后,按减少希

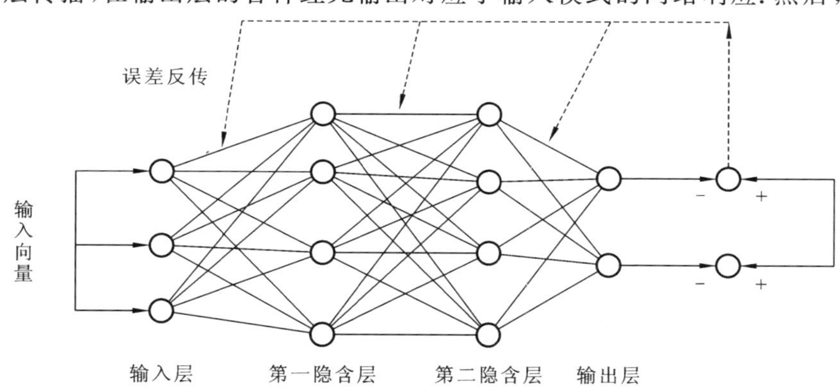

图 6.1　BP 网络模型结构

望输出与实际输出误差的原则，从输出层经各隐含层，最后回到输入层逐层修正各连接权．由于这种修正过程是从输出到输入逐层进行的，所以称它为“误差逆传播算法”．随着这种误差逆传播训练的不断修正，网络对输入模式响应的正确率也将不断提高．这种误差逆传播算法即 BP 算法．

BP 算法的核心是数学中的“负梯度下降”理论，即 BP 神经网络的误差调整总是沿着误差下降最快的方向进行．常规的三层 BP 神经网络的权值和阈值调整公式如下：

$$w_{ij}(t+1) = -\eta \frac{\partial E}{\partial w_{ij}} + w_{ij}(t),$$

$$w_{jk}(t+1) = -\eta \frac{\partial E}{\partial w_{jk}} + w_{jk}(t),$$

$$B_{ij}(t+1) = -\eta \frac{\partial E}{\partial B_{ij}} + B_{ij}(t),$$

$$B_{jk}(t+1) = -\eta \frac{\partial E}{\partial B_{jk}} + B_{jk}(t).$$

其中，E 为网络输出与实际输出样本之间的误差平方和；η 为网络的学习速率即权值调整幅度；$w_{ij}(t)$ 为 t 时刻输入层第 i 个神经元与隐含层第 j 个神经元的连接权值；$w_{ij}(t+1)$ 为 $t+1$ 时刻输入层第 i 个神经元与隐含层第 j 个神经元的连接权值；$w_{jk}(t)$ 为 t 时刻隐含层第 j 个神经元与输出层第 k 个神经元的连接权值；$w_{jk}(t+1)$ 为 $t+1$ 时刻隐含层第 j 个神经元与输出层第 k 个神经元的连接权值；B 为神经元的阈值，下标的意义与权值的相同．以上四式便是 BP 神经网络的学习规则．根据神经元中具体激励函数的表达式，可以具体计算出 $\frac{\partial E}{\partial w_{ij}}$ 和 $\frac{\partial E}{\partial w_{jk}}$ 的解析式．

6.1.2 BP 神经网络训练

激励函数又称激活函数或传递函数，通常有以下几种形态．

（1）阈值型（一般只用在简单分类的模型中）

$$f(x) = \begin{cases} 0, & x < 0; \\ 1, & x \geqslant 0. \end{cases}$$

（2）线性型（一般只用在输入神经元和输出神经元）

$$f(x) = x.$$

（3）分段线性型（常用于对非线性放大器的近似）

$$f(x) = \begin{cases} 1, & x \geqslant \frac{1}{2}; \\ x, & -\frac{1}{2} < x < \frac{1}{2}; \\ 0, & x \leqslant -\frac{1}{2}. \end{cases}$$

（4）S 型（常用于隐含层神经元）

$$f(x)=\frac{1}{1+\mathrm{e}^{-x}} \quad 或 \quad f(x)=\frac{1-\mathrm{e}^{-x}}{1+\mathrm{e}^{-x}}.$$

通常还会在激励函数的变量中耦合一个函数以便调整激励网络的输出幅度. 例如,S 型激励函数可以改写为

$$f(x)=\frac{1}{1+\mathrm{e}^{x}} \Rightarrow f(x)=\frac{1}{1+\mathrm{e}^{cx}},$$

其中 c 为常数.

为了使 BP 神经网络具有某种功能,完成某项任务,必须调整层间连接权值和节点阈值,使所有样品的实际输出和期望输出之间的误差稳定在一个较小值以内.

一般地,可将 BP 网络的学习算法描述为如下步骤:

(1) 初始化网络及学习参数,如设置网络初始权矩阵等.

(2) 提供训练模式和训练网络,直到满足学习要求.

(3) 前向传播过程,即对给定训练模式输入,计算网络的输出模式,并与期望模式比较,若有误差,则执行步骤(4),否则返回步骤(2).

(4) 反向传播过程,即计算同一层单元的误差,修正权值和阈值,返回步骤(2).

网络的学习是通过用给定的训练集训练而实现的. 通过用网络的均方差误差来定量地反映学习的性能. 一般地,当网络的均方差误差低于给定值时,则表明对给定训练集学习已满足要求了.

6.1.3 T-S 模糊神经网络

模糊数学是用来描述研究和处理事物所具有的模糊特征的数学,“模糊”是指它的研究对象,而“数学”是指它的研究方法.

模糊数学中最基本的概念是隶属度和模糊隶属度函数,其中,隶属度是指元素 u 属于模糊子集 f 的隶属程度,用 $\mu f(u)$ 表示,它是一个在$[0,1]$上的数,它越接近于 0,表示 u 属于模糊子集 f 的程度越小,越靠近 1,表示 u 属于 f 的程度越大. 模糊隶属度函数是用于定量计算元素隶属度的函数,一般有三角函数、梯形函数和正态函数等形式.

T-S 模糊系统是一种自适应能力很强的模糊系统,该系统不仅能自动更新,而且能不断修正模糊子集的隶属函数. T-S 模糊系统用“if-then”规则形式来定义.

T-S 模糊神经网络分为输入层、模糊化层、模糊规则输入层和输出层等 4 层. 输入层与输入向量 $\boldsymbol{r}$ 链接,节点数和输入向量的维数相同,模糊化层采用隶属度函数对输入值模糊化得到模糊隶属度值 μ,模糊规则计算值采用模糊连乘公式计算得到 w,输出层采用公式计算模糊神经网络的输出.

模糊神经网络的学习算法如下:

(1) 误差计算

$$e=\frac{1}{2}(y_{\mathrm{d}}-y_{\mathrm{c}})^2,$$

式中,y_{d} 是网络期望输出;y_{c} 是网络实际输出;e 为期望输出和实际输出的误差.

（2）系数修正

$$p_j^i(k) = p_j^i(k-1) - \alpha \frac{\partial e}{\partial p_j^i},$$

$$\frac{\partial e}{\partial p_j^i} = (y_d - y_c)\omega^i / \sum_{i=1}^{m} \omega^i \cdot x_j,$$

式中，p_j^i 为神经网络系数；α 为网络学习率；x_j 为网络输入参数；ω^i 为输入参数隶属度连乘积.

（3）参数修正

$$c_j^i(k) = c_j^i(k-1) - \beta \frac{\partial e}{\partial c_j^i},$$

$$b_j^i(k) = b_j^i(k-1) - \beta \frac{\partial e}{\partial b_j^i},$$

式中，c_j^i，b_j^i 分别为隶属度函数的中心和宽度.

6.1.4　基于 BP 神经网络的变量筛选实例

一般情况下，神经网络中所包含的网络输入数据是研究者根据专业知识和经验预先选择好的，然而在很多实际应用中，由于没有清晰的理论依据，神经网络所包含的自变量即网络输入特征难以预先确定. 如果让一些不重要的自变量也引入神经网络，则会降低模型的精度. 因此，选择有意义的自变量特征作为网络输入数据，常常是应用神经网络分析预测问题中关键的一步. 选择神经网络输入的方法有很多，其基本思路是：尽可能将作用效果显著的自变量选入神经网络模型中，将作用不显著的自变量排除在外. 下面将结合 BP 网络，应用平均影响值(Mean Impact Value，MIV）方法来说明如何使用 BP 神经网络筛选变量，找到对结果有较大影响的输入项，继而实现使用神经网络进行变量筛选.

Dombi 等人提出用 MIV 来反映神经网络中权重矩阵的变化情况，MIV 被认为是在神经网络中评价变量相关性最好的指标之一，也为解决此类问题开创了新思路，因此，探索此类型的评价指标在实际工作中的运用以及寻找新的评价指标是值得研究的.

选择 MIV 作为评价各个自变量对于因变量影响的重要性大小的指标，其符号代表相关的方向，绝对值大小代表影响的相关重要性. 具体计算过程：在网络训练终止后，将训练样本 P 中每一自变量特征在其原值的基础上分别加上以及减去 10% 变成新的两个训练样本 P_1 和 P_2，将它们分别作为仿真样本，利用已建成的网络进行仿，真得到两个仿真结果 A_1 和 A_2，求它们的差值，即为变动该自变量后对输出产生的影响变化值(Impact Value，IV)，最后将 IV 按观测例数平均，得出该自变量对于因变量——网络输出的 MIV. 按照上面步骤依次算出各个自变量的 MIV 值，最后根据 MIV 绝对值的大小为各自变量排序，得到各自变量对网络输出影响相对重要性的位次表，从而判断出输入特征对于网络结果的影响程度，即实现了变量筛选.

例 6.1　按照下式产生网络的训练数据：

$$F = 20 + x_1^2 - 10\cos(2\pi x_1) + x_2^2 - 10\cos(2\pi x_2).$$

随着产生的 x_1 和 x_2，由它们决定的 F 作为 BP 神经网络的训练样本，同时加入 x_3，x_4 噪声，通过 MIV 方法，筛选对结果有主要影响的变量，流程如下图 6.2.

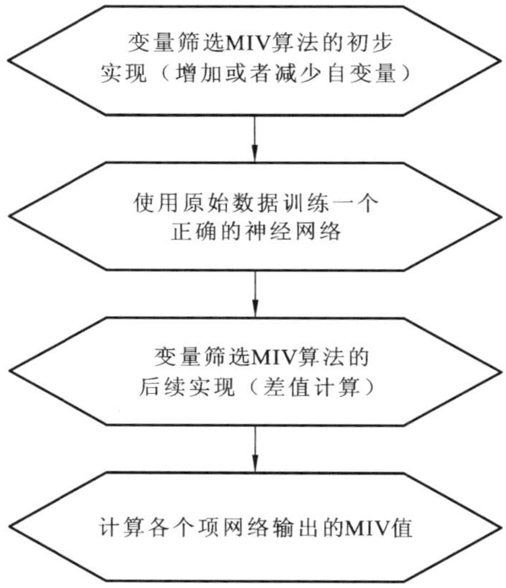

图 6.2　变量筛选 MIV 算法流程图

用 MATLAB 实现，本例程序如下：

```
%%清空环境变量
clc
clear
%%产生输入输出数据
%设置步长
interval=0.01;
%产生 x1 x2
x1=-1.5:interval:1.5;
x2=-1.5:interval:1.5;
%产生 x3 x4(噪声)
x=rand(1,301);
x3=(x-0.5)*1.5*2;
x4=(x-0.5)*1.5*2;
%按照函数先求得相应的函数值,作为网络的输出
F=20+x1.^2-10*cos(2*pi*x1)+x2.^2-10*cos(2*pi*x2);
%设置网络输入输出值
p=[x1;x2;x3;x4];
t=F;

%%变量筛选 MIV 算法的初步实现(增加或者减少自变量)
```

```
p=p';
[m,n]=size(p);
yy_temp=p;
%p_increase 为增加 10%的矩阵,p_decrease 为减少 10%的矩阵
for i=1:n
    p=yy_temp;
pX=p(:,i);
pa=pX*1.1;
p(:,i)=pa;
aa=['p_increase'  int2str(i) '=p;'];
eval(aa);
end
for i=1:n
    p=yy_temp;
pX=p(:,i);
pa=pX*0.9;
p(:,i)=pa;
aa=['p_decrease' int2str(i) '=p;'];
eval(aa);
end

%%利用原始数据训练一个正确的神经网络
nntwarn off;
p=p';
%bp 网络建立
net=newff(minmax(p),[8,1],{'tansig','purelin'},'traingdm');
%初始化 bp 网络
net=init(net);
%网络训练参数设置
net.trainParam.show=50;
net.trainParam.lr=0.05;
net.trainParam.mc=0.9;
net.trainParam.epochs=2000;
%bp 网络训练
net=train(net,p,t);

%%变量筛选 MIV 算法的后续实现(差值计算)
```

```
%转置后 sim
for i=1:n
eval(['p_increase',num2str(i),'=transpose(p_increase',
num2str(i),');'])
end
for i=1:n
eval(['p_decrease',num2str(i),'=transpose(p_decrease',
num2str(i),');'])
end
%result_in 为增加 10%后的输出,result_de 为减少 10%后的输出
for i=1:n
eval(['result_in',num2str(i),'=sim(net,','p_increase',
num2str(i),');'])
end
for i=1:n
eval(['result_de',num2str(i),'=sim(net,','p_decrease',
num2str(i),');'])
end
for i=1:n
eval(['result_in',num2str(i),'=transpose(result_in',
num2str(i),');'])
end
for i=1:n
eval(['result_de',num2str(i),'=transpose(result_de',
num2str(i),');'])
end
%%MIV 的值为各个项网络输出的 MIV 值,MIV 被认为是在神经网络中评价变量相
关的最好指标之一,其符号代表相关的方向,绝对值大小代表影响的相对重要性
for i=1:n
    IV=['result_in',num2str(i),'-result_de',num2str(i)];
eval(['MIV_',num2str(i),'=mean(',IV,');'])
end
```

输出结果为：

```
MIV_1=
    1.7813
MIV_2=
    2.5311
MIV_3=
   -0.2573
```

```
MIV_4=
    0.4286
```

MIV-n 的值为各项网络输出的 MIV 值,MIV 被认为是在神经网络运用中评价变量结果影响大小的最好指标之一,其符号代表相关的方向,绝对值大小代表影响的相对重要性.

由此可见,第一、二个变量得出的 MIV 值较大,因为 F 值是靠 x_1 和 x_2 建立出来的,与 x_3,x_4 无关,所以 MIV 筛选出的对结果有重要影响的自变量同真实情况一致,神经网络使用 MIV 方法对变量进行筛选是可行的.

6.2 RBF 神经网络

6.2.1 RBF 神经网络原理

1. RBF 神经网络的结构

设计一个监督神经网络可以有多种方法.反向传播算法可以看做是递归技术的应用,这种技术在统计学中通称为随机通过.本节将神经网络的设计看做是一个高维空间中的曲线拟合(逼近)问题,从而采用完全不同的方法进行计.按照这种观点,学习等价于在多维空间中寻找一个能够最佳拟合训练数据的曲面,因此,泛化等价于利用这个多维曲面对测试数据进行插值.上述观点是径向基函数方法的出发点,径向基函数方法在某种程度上利用了多维空间中传统的严格插值法的研究成果.在神经网络的背景下,隐藏单元提供一个“函数”集,该函数集在输入模式(向量)扩展至隐藏空间时为其构建了一个任意的“基”,这个函数集中的函数就被称为径向基函数,径向基函数首先是在实多变量插值问题的解中引入的.

最基本形式的径向基函数网络的构成包括三层,其中每一层都有着完全不同的作用.输入层由一些源点(感知单元)组成,它们将网络与外界环境连结起来.第二层是网络中仅有的一个隐含层,它的作用是从输入空间到隐藏空间之间进行非线性变换,在大多数情况下隐藏空间有较高的堆数.输出层是线性的,它为作用于输入层的激活模式(信号)提供响应.

RBF 神经网络有很强的逼近能力、分析能力和学习速度.其工作原理是把网络看成对未知函数的逼近,任何函数都可以表示成一组基函数的加权和,也即选择隐层神经元的传输函数,使之构成一组基函数来逼近未知函数.RBF 人工神经网络有一个输入层、一个隐含层和一个输出层组成.RBF 神经网络的隐含层基函数有多种形式,常用函数为高斯函数.设输入层的输入为 $\boldsymbol{X}=[x_1,x_2,\cdots,x_n]$,实际输出为 $\boldsymbol{Y}=[y_1,y_2,\cdots,y_n]$.输入层实现从 $R_I(\boldsymbol{X})\rightarrow y_k$ 的线性映射,输出层第 k 个神经元网络输出为

$$\hat{y}_k=\sum_{i=1}^{m}\omega_{ik}R_i(\boldsymbol{x})\ (k=1,2,\cdots,p),$$

其中,$\boldsymbol{X}$ 为输入向量;n 为输入层节点数;m 为隐含层节点数;p 为输出层节点数;w_{ik} 为隐含层第 i 个神经元与输出层第 k 个神经元的连接权值;$R_i(\boldsymbol{x})$ 为隐含层第 i 个神经元的作用函数,即

$$R_i(x) = \exp(-\|x - c_i\|^2/2\sigma_i^2)\ (i = 1,2,\cdots,m),$$

其中，$\boldsymbol{x}$ 为 n 维输入向量；$\boldsymbol{c}_i$ 为第 i 个基函数的中心，是与 $\boldsymbol{x}$ 具有相同维数的向量；σ_i 为第 i 个基函数的宽度；m 为感知单元的个数；$\|\boldsymbol{x}-\boldsymbol{c}_i\|$ 为向量 $\boldsymbol{x}-\boldsymbol{c}_i$ 的范数，它通常表示 $\boldsymbol{x}$ 与 $\boldsymbol{c}_i$ 之间的距离；$R_i(\boldsymbol{x})$ 在 $\boldsymbol{c}_i$ 处有唯一的最大值，随着 $\|\boldsymbol{x}-\boldsymbol{c}_i\|$ 的增大，$R_i(\boldsymbol{x})$ 迅速衰减到零. 对于给定的输入，只有一小部分靠近 $\boldsymbol{x}$ 的中心被激活. 当确定了 RBF 网络的聚类中心 $\boldsymbol{c}_i$、权值 w_{ik} 以后，就可求出给定某一输入时，网络对应的输出值.

2. RBF 神经网络学习算法

RBF 网络具有全局逼近于超速学习（因为径向基函数往往具有快速衰减性和网络结构有众多参数可以调节）的优点，且学习方式相比较 BP 网络而言更加丰富. 常见学习方式有：聚类方法、梯度训练方法和正交最小二乘训练法.

在 RBF 网络中，隐含层执行的是一种固定不变的非线性变化，$\boldsymbol{c}_i$，σ_i，w_{ik} 需通过学习和训练来确定，一般分为三步进行.

（1）确定基函数的中心 $\boldsymbol{c}_i$. 利用一组输入来计算 m 个 $\boldsymbol{c}_i$，其中 $i=1,2,3,\cdots,m$，使 $\boldsymbol{c}_i$ 尽可能均匀地对数据抽样，在数据点密集处 $\boldsymbol{c}_i$ 也密集. 一般采用“K 均值聚类法”.

（2）确定基函数的宽度 σ_i. 基函数中心 $\boldsymbol{c}_i$ 训练完成后，可以求得归一化参数，即基函数的宽度 σ_i 表示与每个中心相联系的子样本中样本散布的一个测度. 常用的是令其等于基函数中心与子样本集中样本模式之间的平均距离.

（3）确定从隐含层到输出层的连接权值 w_{ik}. RBF 连接权 w_{ik} 的修正可以采用最小均方差误差测度准则进行.

6.2.2 基于 RBF 神经网络的应用实例

例 6.2 基于 RBF 神经网络的年径流预报.

1. 网络学习样本的建立

某水库实测径流资料和相应的前期 4 个预报因子实测数据见表 6.1，其中 4 个预报因子分别为水库上一年 11～12 月的总降雨量 x_1 和当年 1、2、3 月的总降雨量 x_2，x_3，x_4. 在本例应用中将 4 个预报因子作为输入，年径流量 y 为输出，构成 4 个输入、1 个输出的网络，将前 19 个实测数据作为训练样本集，后 1 个实测数据作为预测检验样本.

表 6.1 某水库实测年径流量与因子特征值

序号	x_1	x_2	x_3	x_4	y
1	15.6	5.6	3.5	25.5	22.9
2	27.8	4.3	1.0	7.7	23.4
3	35.2	3.0	38.1	3.7	36.8
4	10.2	3.4	3.5	7.4	22.0
5	29.1	33.2	1.6	24.0	6.4
6	10.2	11.6	2.2	26.7	29.4

续表

序号	x_1	x_2	x_3	x_4	y
7	35.4	4.1	1.3	7.0	26.2
8	8.7	3.5	7.5	5.0	20.9
9	25.4	0.7	22.2	35.4	26.5
10	15.3	6.0	2.0	17.5	37.3
11	25.9	1.2	9.0	3.3	22.8
12	64.3	3.7	4.6	4.8	19.8
13	55.9	2.9	0.3	5.2	19.6
14	19.6	10.5	10.7	10.3	28.5
15	35.6	2.4	6.6	24.6	22.8
16	10.9	9.4	0.8	7.1	18.2
17	24.7	8.2	7.7	14.4	23.8
18	22.6	11.2	9.9	18.5	17.3
19	21.5	2.9	1.6	4.5	21.9
20	54.7	3.3	3.7	11.6	32.8

2. 原始数据的处理

分别对样本的输入、输出数据进行格式化处理，有

$$\tilde{t} = \frac{2(t - t_{\min})}{t_{\max} - t_{\min}} - 1,$$

其中，t 为格式化前的变量；$t_{\max}$ 和 $t_{\min}$ 分别为 t 的最大值和最小值；$\tilde{t}$ 为格式化后的变量.

MATLAB 中提供了对数据进行归一化处理的函数：

```
[tn,ps] = mapminmax (t);
```

相应的逆处理函数：

```
t = mapminmax('reverse',tn,ps).
```

执行的算法是

$$t = 0.5(\tilde{t}+1) * (t_{\max} - t_{\min}) + t_{\min}.$$

3. 网络的训练

利用 MATLAB 提供的神经网络工具箱实现人工神经网络的功能十分方便. 由于年径流预报中自变量有 4 个，因变量有 1 个，输入神经元的个数取为 4，输出神经元的个数取为 1，中间隐含层神经元的个数，BP 网络需要根据经验取定，RBF 网络会在训练过程中自适应地取定.

BP 网络存在一些缺点，如收敛速度慢，网络易陷于局部极小，学习过程常常发生震荡. 对于本案例的预测，BP 网络隐含层神经元个数取为 4 时，计算结果相对稳定，隐含层神经元个数取为其他值时，运用结果特别不稳定，每一次的运动结果相差很大.

利用MATLAB工具箱求的对于第20个样本点,RBF网络的预测值为26.7693,相对误差为18.93%,BP网络的运行结果每次都有很大的不同,通过计算结果可以看出,RBF网络模型的预测结果要好于BP网络模型的预测结果.

计算的MATLAB程序如下:

```
clc,clear
a=load('liuliang.txt');   %把表中第2~6列的数据保存到纯文本文件
                          %liuliang.txt中
a=a';                     %注意神经网络的数据格式,不要矩阵转置
p=a([1:4],[1:end-1];[PN,PS1]=mapminmax(p);
                          %自变量数据格式化到[-1,1]
T=a(5,[1:end-1];[TN,PS2]=mapminmax(T);
                          %因变量数据格式化到[-1,1]
net1=newrb(PN,TN)         %训练RBF网络
x=a([1:4],end);;xn=mapminmax('apply',x,psi);
                          %预测样本点自变量格式化
yn1=sim(net1,xn);y1=mapminmax('reverse',yn1,ps2)
                          %求预测值,并把数据还原
delta1=abs(a(5,20)-y1)/a(5,20)
                          %计算RBF网络预测的相对误差
net2=feedforwardnet(4);
                          %初始化BP网络,隐含层的神经元取为4个(多次试验)
net2=trainn(net2,PN,TN);  %训练BP网络
yn2=net2(xn);y2=mapminmax('reverse',yn2,ps2)
                          %求预测值,并把数据还原
```

例6.3 RBF神经网络的非线性滤波.

1. 非线性滤波

早期的数字信号处理和数字图像处理主要以线性滤波器为主要处理手段,线性滤波器数学表达式比较简单,并且具有其他一些比较理想的特性,所以实现起来相对比较容易.然而当信号中存在由系统非线性引起的噪声或非高斯叠加性噪声时,线性滤波器便不能很好地起作用.目前,最优非线性滤波存在"实时"问题,即滤波器权系数的实时计算和非线性滤波器的实时实现.描述系统的非线性差分方程为

状态方程:

$$x(n+1)=f(x(n))+v(n);$$

观测方程:

$$y(n+1)=h(x(n))+w(n).$$

其中,f,h都是非线性函数;$w(n)$和$v(n)$为零均值的白噪声系列.

所谓最优滤波就是解决从观测值$y(n)$估计出状态$\hat{x}(n)$,且使得$\hat{x}(n)$可以最好地接

近 $x(n)$ 的问题. RBF 网络具有唯一的最佳逼近特性,因此尝试将其应用于最佳滤波. 即利用已知的采样数据对非线性函数做最优逼近,由 RBF 网络的输入或输出表达式可得 h 的估计值为

$$\hat{h}=\sum_{i=1}^{N} w_i r_i(\cdot)=w^{\mathrm{T}} r(\cdot).$$

2. 网络设计

输入样本为 P,目标向量为 $\boldsymbol{T}$,程序如下所示:

```
p=[-1:0.1:1]
T=[-0.9602 0.5770 0.0729 0.3771 0.6405 0.6600 0.4609 0.1336 -0.2013
   -0.4344 -0.5000 -0.3930 0.1647 0.0988 0.3072 0.3960 0.3449
   0.1816 -0.0312 -0.2189 -0.3201];
for i=1:5
net=newrbe(p,T,i);
y(i,:)=sim(net,p);
end
```

上面的代码中利用了 RBF 网络的精确创建函数 newrbe 创建了一个准确的 RBF 网络,它已经可以逼近目标向量了. 由于径向基函数的分布密度 SPREAD 可以影响网络的精度,因此,这里将其设定为 1,2,3,4,5 共 5 个整数,观察它们对网络预测性能的影响.

网络的逼近误差曲线如图 6.3 所示,由图可见,分布密度为 1 和 2 时,网络的逼近误差表较小,考虑到收敛速度和计算方面的原因,这里的分布密度选 1,此时网络的输出结果为

```
y(1,:)
    ans=
        -0.9587  0.5671  0.1014  0.3379  0.6597  0.6715
          0.4481  0.1320  -0.1972  -0.4463  -0.4964  -0.3111
        -0.0089  0.2262  0.3167  0.3365  0.3448  0.2322
        -0.0725  -0.2044  -0.3221
```

本实例的完整 MATLAB 代码如下:

```
clc,clear
p=[-1:0.1:1]
T=[-0.9602 0.5770 0.0729 0.3771 0.6405 0.6600 0.4609 0.1336 -0.2013
   -0.4344 -0.5000 -0.3930 0.1647 0.0988 0.3072 0.3960 0.3449
   0.1816 -0.0312 -0.2189 -0.3201];
%创建五个 RBF 网络,分布密度分别为 1,2,3,4,5
for i=1:1
net=newrbe(p,T,i);
y(i,:)=sim(net,p);
```

```
end
%绘制误差曲线
plot(1:21,y(1,:)-T);
hold on;
plot(1:21,y(2,:)-T,'*');
hold on;
plot(1:21,y(3,:)-T,'b');
hold on;
plot(1:21,y(4,:)-T,'r--');
hold on;
plot(1:21,y(5,:)-T,'g-.');
hold off;
```

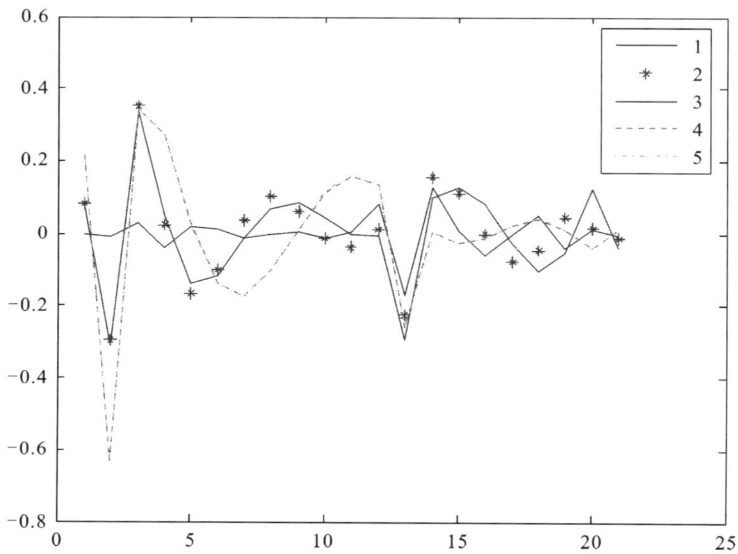

图 6.2　网络逼近误差曲线

6.3　组建神经网络的注意事项

利用 MATLAB 软件提供的工具箱，采用 BP 网络解决非线性问题是一种便捷、有效的途径，在使用时要注意以下几个问题.

6.3.1　神经元节点数

网络的输入与输出节点数是由实际问题的维数决定的，与网络性能无关. 而隐含层节点数 l 的设计就非常重要了，目前还没有统一的规范来解决这一问题. 一般能利用下面两个经验公式之一来确定：

$$l = \sqrt{m+n} + a$$

或

$$l = \sqrt{0.43mn + 0.12n^2 + 2.54m + 0.77n + 0.35 + 0.51}.$$

其中，m，n 分别为输入节点数与输出节点数；a 为 $1 \sim 10$ 的常数.

隐含层节点数可以根据上面两个公式得出一个初始值，然后根据逐步增长或逐步修剪法最终确定神经元的个数. 逐步增长是从一个较简单的网络开始，若训练结果不符合要求，则逐步增加隐含层神经元个数直到合适为止. 逐步修剪则从一个较复杂的网络开始逐步删除隐含层的神经元.

需要说明的是：经验公式是确定隐含层节点数的参考方法，并不是在任何情况下都是有效的. 对于一个没有任何规律、拐点特别多的训练样本，经验公式有时是完全失效，原因如下：

其一，神经网络的激励函数都是连续光滑的函数，无法拟合震荡特别强烈的样本；

其二，激励函数除了小波函数，常规的 s 函数都是比较平滑的，无法精确快速响应那些从"波峰"迅速衰减至"波谷"的学习样本.

所以当出现随机程度比较大的样本时，通常会一味增加隐含层神经元以便减少学习误差，但这样做的代价是计算机硬件开销大，网络泛化能力也随之降低，且单纯增加隐含层神经元并不能完全消除学习误差. 网络的性能与数据的品质有直接关系，因此，为了尽量减少使用不必要的隐含层神经元，可以通过以下数据筛选学习数据：

(1) 清理样本中过大或过小的"异常点"数据.

(2) 采样间隔需疏密有度.

(3) 训练样本容量大小适宜，子样尽量全面覆盖的前提下选择少一点的数据.

(4) 选择输入、输出样本要进行合理分析，只有输入和输出之间存在必然的因果关系时，使用神经网络才有意义.

如果样本训练的先后顺序没有差异，那么还可以按照以下步骤进一步筛选数据：通过对所有输入因子和所有输出因子之间的关联分析，找出各个输入因子相对输出的重要程度；依照重要程度的顺序，优先对最终要输入因子进行有规律的排序，如果对最终要的输入因子找不到比较好的排序方案，不妨就按单调增或单调减顺序排序；最重要的输入因子排列完以后，以此类推，排列次重要的输入因子.

6.3.2　数据预处理和后期处理

MATLAB 中提供的预处理方法有如下几个：

(1) 归一化处理：将每组数据都变为 $-1 \sim 1$ 的数，所涉及的函数有 mapminmax，postmnmx，tramnmx. 当然，也可以利用公式 $\overline{x_k} = \dfrac{x_k - x_{\min}}{x_{\max} - x_{\min}}$ 进行编程实现归一化.

(2) 标准化处理：将每组数据都化为均值为 0、方差为 1 的一组数据，所涉及的函数有 prestd，poststd，trastd.

(3) 主成分分析：进行正交处理，可减少输入数据的维数，所涉及的函数有 prepca，trapca.

(4) 回归分析与相关性分析：所用函数为 postrg 等.

6.3.3　学习速率的选定

学习速率参数不能选择的太大，否则会出现算法不收敛的情况；也不能太小，否则会使训练过程时间太长. 一般选择为 0.01 ～ 0.1 的值，再根据训练过程中梯度变化和均方误差变化值来确定.

习　题　6

6.1　公路运量主要包括公路客运量和公路货运量两个方面. 据研究，某地区的公路运量主要与该地区的人数、机动车辆数和公路面积有关，表 6.2 给出了某地区 20 年的公路运量相关数据. 其中人数和公路客运量的单位为万人，机动车数量的单位为万辆，公路面积的单位为万 km^2，公路货运量单位为万吨.

表 6.2　某地区 20 年公路运量数据

年份	人口数量 / 万人	机动车数量 / 万辆	公路面积 / 万 km^2	公路客运量 / 万人	公路货运量 / 万吨
1990	20.55	0.6	0.09	5 126	1 237
1991	22.44	0.75	0.11	6 217	1 379
1992	25.37	0.85	0.11	7 730	1 385
1993	27.13	0.90	0.14	9 145	1 399
1994	29.45	1.05	0.20	10 460	1 663
1995	30.1	1.35	0.23	11 387	1 714
1996	30.96	1.45	0.23	12 353	1 834
1997	34.06	1.60	0.32	15 750	4 322
1998	36.42	1.70	0.32	18 304	8 132
1999	38.09	1.85	0.34	19 836	8 936
2000	39.13	2.15	0.36	21 024	11 099
2001	39.99	2.20	0.36	19 490	11 203
2002	41.93	2.25	0.38	20 433	10 524
2003	44.59	2.35	0.49	22 598	11 115
2004	47.30	2.50	0.56	25 107	13 320
2005	52.89	2.60	0.59	33 442	16 762
2006	55.37	2.70	0.59	36 836	18 673
2007	56.76	2.85	0.67	40 548	20 724
2008	59.17	2.95	0.69	42 927	20 803
2009	60.63	3.10	0.79	43 462	21 804

根据相关部门数据，该地区 2010 年和 2011 年的人数分别为 73.39 万人和 75.55 万人，机动车数量分别为 3.9635 万辆和 4.0975 万辆，公路面积分别为 0.9880 万 km^2 和

1.0268 万 km^2. 试利用 BP 网络预测该地区 2010 年和 2011 年的公路客运量和公路货运量.

6.2　建立 RBF 神经网络，拟合如下函数，并评价网络拟合效果：

$$y = 20 + x_1^2 - 10\cos(2\pi x_1) + x_2^2 - 10\cos(2\pi x_2).$$

6.3　已知某系统输出 y 与输入 x 的部分对应关系如表 6.3 所示，试分别设计 BF 神经网络与 RBF 神经网络，完成曲线拟合，并比较网络建立所耗时间以及拟合效果.

表 6.3　某系统输出 y 与输入 x 的部分对应关系

x	−1	−0.9	−0.8	−0.7	−0.6	−0.5	−0.4	−0.3	−0.2−	−0.1
y	−0.832	−0.423	−0.024	0.344	1.282	3.456	4.02	3.232	2.102	1.504
x	0	0.1	0.2	0.3	0.4	0.5	0.6	0.7	0.8	0.9
y	0.248	1.242	2.344	3.262	2.052	1.684	1.022	2.224	3.022	1.984

第 7 章　差分进化算法

7.1　差分进化算法概述

差分进化(Differential Evolution,DE)算法是一种简单高效的全局优化算法,由 Storn R 和 Price K 于 1995 年提出. 在 1996 年首届 IEEE 演化计算大赛中表现超群,随后在各个领域得到了广泛的应用. 其基本思想是应用当前种群个体的差异来重组得到中间种群,然后应用子代个体与父代个体竞争来获得新一代种群.

差分进化算法是一种基于群体差异的演化算法,该算法在求解函数优化等问题上有着其他同类方法不可比拟的优点:待定参数少;不易陷入局部最优;收敛速度快. 其最新颖的特征是它的变异操作:当选定一个个体后,算法通过在该个体上加上两个个体带权的差来完成变异. 在算法迭代的初期,因为种群中个体的差异较大,从而这样的变异操作会使算法本身具有较强的全局搜索能力,而到迭代的后期,当趋于收敛的时候,种群中个体的差异较小了,这也使得算法具有较强的局部搜索能力. 目前,该算法的主要应用领域:函数优化、组合优化、神经网络训练、机器人学及其他进化算法常用的应用领域.

7.2　差分进化算法基本流程

差分进化算法作为演化算法之一,具有与其他演化算法相似的流程,如图 7.1 所示. 对于优化问题 $\min f(x_1, x_2, \cdots, x_D)$ 使得 $x_j^L \leqslant x_j \leqslant x_j^U (j = 1, 2, \cdots, D)$,其中 x_j^L, x_j^U 分别为第 j 个分量的取值下界和上界,D 为解空间的维数.

随机产生初始种群	
计算个体适应值	
当终止条件未被满足时	
	对所有个体进行变异和交叉操作,以获得候选个体
	计算候选个体适应值,并进行选择操作
	更新种群
输出结果	

图 7.1　差分进化算法基本流程

1. 初始化种群

假设所求解问题的自变量有 D 维,种群大小为 NP,则初始群体表示如下:

$$\{X_i(0) \mid x_{ji}^L \leqslant x_{ji}(0) \leqslant x_{ji}^U, i = 1,2,\cdots,NP, j = 1,2,\cdots,D\}.$$

其中,$x_{ji}(0)$ 表示第 0 代种群中第 i 个个体中的第 j 个分量

$$x_{ji}(0) = x_{ji}^L + \text{rand}(0,1)(x_{ji}^U - x_{ji}^L),$$

而 rand(0,1) 是[0,1]上服从均匀分布的随机数.

2. 变异操作

差分进化算法中最重要的操作是变异操作,该算法也是因此而得名.将两个不同的个体的向量差缩放后与待变异的个体合成:

$$V_i(g+1) = x_{r1}(g) + F \times (x_{r2}(g) - x_{r3}(g)),$$

其中,$r1, r2, r3$ 互异;F 为缩放因子.

差分进化算法在二维搜索空间的变异操作如图 7.2 所示.

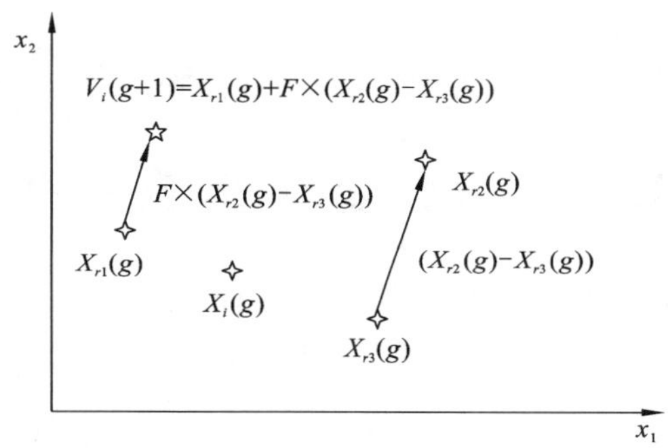

图 7.2　差分进化算法的变异操作

差分进化算法经过变异操作产生变异个体后,为了确保所产生的变异个体满足自变量边界约束条件,需要对违约的自变量进行处理,其中最简单的处理方法是将自变量的边界值赋给违约自变量.

3. 交叉操作

交叉操作把通过变异操作产生的变异个体 $V_i(g+1)$ 与父代个体 $X_i(g)$ 进行离散交叉操作得到候选个体 $U_i(g+1)$,交叉操作可以表示为

$$u_{ij}(g+1) = \begin{cases} v_{ij}(g+1), & \text{if } \text{rand}(0,1) \leqslant CR \text{ or } j = j_{\text{rand}}; \\ x_{ij}(g), & \text{otherwise}. \end{cases}$$

其中,CR 为交叉概率;$j = 1,2,\cdots,D$;j_{rand} 为$(1,2,\cdots,D)$中的随机整数,确保变异中间体的每个个体至少有一个分量遗传给下一代,从而避免与父代个体相同.

差分进化算法的交叉操作如图 7.3 所示,从图 7.3 中可以看出通过交叉操作所得到的候选个体中的每维自变量离散的来自变异个体和父代个体.

4. 选择操作

差分进化算法通过变异操作和交叉操作产生候选群体之后,将候选个体与相应的父代个体进行比较,将较优者保存到下一代群体中.对于最小化优化问题,其选择操作可以

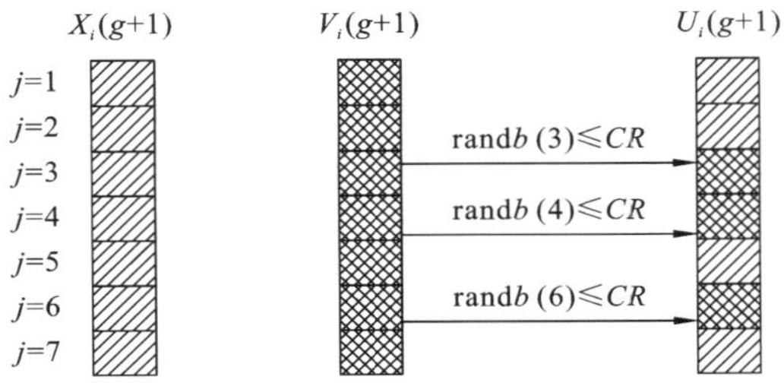

图 7.3 差分进化算法的交叉操作

描述为

$$X_i(g+1)=\begin{cases}U_i(g+1), & \text{if } f(U_i(g+1))\leqslant f(X_i(g));\\ X_i(g), & \text{otherwise.}\end{cases}$$

其中，$f(X_i)$ 为个体 X_i 的适应值，该算法可以保证精英解在演化过程中不会丢失.

反复执行 2 ～ 4，直到达到最大进化代数，或达到所要求的收敛精度.

7.3 差分进化算法举例

为了更加直观地了解差分进化算法的演化过程，下面以一个简单的函数为例，结合 MATLAB 程序具体说明差分进化算法的实现过程.

例 7.1 Sphere 函数为 $f(x)=\sum_{i=1}^{D}x_i^2$，$x_i\in[-100,100]$，设函数自变量维数 $D=2$，种群大小 $NP=8$，缩放因子 $F=0.5$，交叉概率 $CR=0.9$. 试用差分进化算法计算这一函数的最小值.

分析 Sphere 函数在二维参数空间曲面图和等高线图如图 7.4 所示，显然 $f(0,0)=0$ 为函数全局最小解.

(1) 初始化种群. 差分进化算法采取均匀的随机初始化方法. 设初始化种群的 8 个个体分别为(−15,35)，(85,50)，(60,45)，(90，−20)，(30,30)，(−90 −65)，(70,40)，(85，−95). 初始化种群的分布如图 7.5 所示.

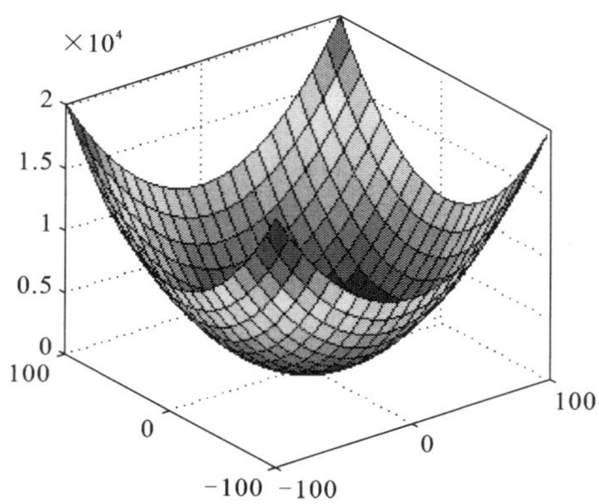

图 7.4 Sphere 函数图像

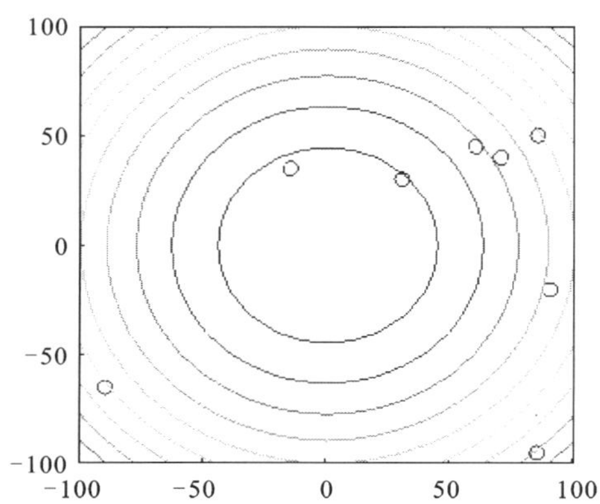

图 7.5 群体初始化分布图

（2）变异操作. 设从种群中随机选择 3 个个体 x_{r1}, x_{r2}, x_{r3} 分别为$(-15,35)$, $(85,-95)$, $(60,45)$，采用变异策略 $V_i(g+1)=x_{r1}(g)+F\times(x_{r2}(g)-x_{r3}(g))$ 所产生的变异个体 $V_i(g+1)=(-2.5,-3.5)$，由于 $V_i(g+1)$ 的各维自变量均满足自变量边界约束条件，因此不必做违约处理. 变异操作如图 7.6 所示，其中所产生的变异个体 $V_i(g+1)$ 采用星形 * 表示.

（3）交叉操作. 设父代个体为 $X_i(g)=(90,-20)$，则把父代个体 $X_i(g)=(90,-20)$ 与变异个体 $V_i(g+1)=(-2.5,-35)$ 交叉操作之后可得到候选个体 $U_i(g+1)=(-2.5,-20)$，通过交叉操作得到的候选个体 $U_i(g+1)=(-2.5,-20)$，在图 7.7 中用三角形 △ 表示.

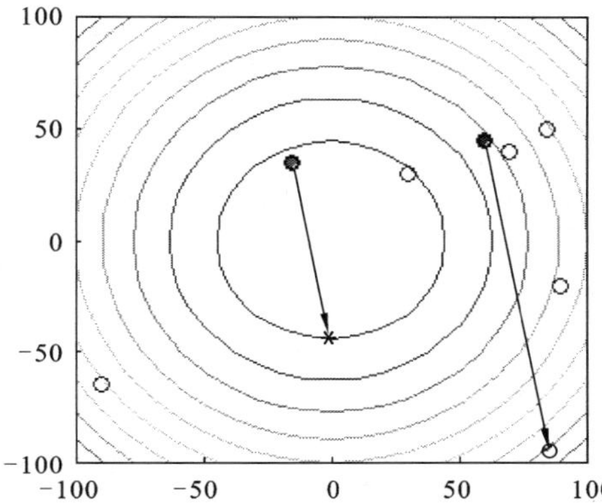

图 7.6　变异操作示意图

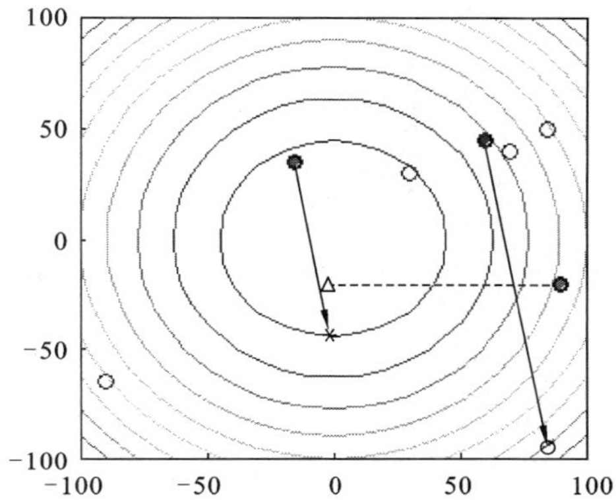

图 7.7　交叉操作示意图

（4）选择操作. 父代个体的函数值 $f(X_i(g))=(90)^2+(-20)^2=8500$，候选个体的函数值 $f(U_i(g+1))=(-2.5)^2+(-20)^2=406.25$，显然 $f(U_i(g+1))<f(X_i(g))$，因此候选个体 $U_i(g+1)$ 在下一代种群中将会替代父代个体 $X_i(g)$.

反复执行上述(2) ~ (4)，直到到达终止条件.

解　运行如下的 MATLAB 程序：

```
function DE
D=2;  %维数
NP=8;  %种群规模
F=0.5;  %缩放因子
CR=0.9;  %交叉概率
gen_max=1000;  %最大进化代数
bounds=ones(D,2);  %取值边界
bounds(:,1)=-100;  %取值下界
bounds(:,2)=100;  %取值上界
x=ones(NP,1)*bounds(:,1)'+(ones(NP,1)*(bounds(:,2)'
  -bounds(:,1)')).*(rand(NP,D));  %初始种群
count=1;  %进化代数
```

```
cost=zeros(1,NP);  %存放个体的适应值
cost(1)=fitnessrevisemodel(x(1,:));  %计算个体适应值
Pb=cost(1);  %存放最优值
Xb=x(1,:);  %存放对应最优值的解
for i2=2:NP  %计算初始种群中的最优值和最优值对应的解
    cost(i2)=fitnessrevisemodel(x(i2,:));
    if(cost(i2)<=Pb)
        Pb=cost(i2);
        Xb=x(i2,:);
    end
end
%差分进化算法
while(count<gen_max)  %循环终止条件是达到最大的进化代数
    for i2=1:NP
        while 2>1  %随机选择个体 1
            a=floor(rand*NP)+1;
            if a~=i2
                break;
            end
        end
        while 2>1  %随机选择个体 2
            b=floor(rand*NP)+1;
            if b~=i2&&b~=a
                break;
            end
        end
        while 2>1  %随机选择个体 3
            c=floor(rand*NP)+1;
            if c~=i2&&c~=a&&c~=b
                break;
            end
        end
        jrand=floor(rand*D+1);  %产生随机数 jrand
        for k=1:D  %交叉操作
            if(rand<CR||jrand==k)  %小于交叉概率或等于随机数 jrand
              trial(k)=x(c,k)+F*(x(a,k)-x(b,k));  %变异操作
            else
                trial(k)=x(i2,k);
```

```
            end
            if trial(k)<bounds(k,1)  %越下界处理
                trial(k)=bounds(k,1);
            end
            if trial(k)>bounds(k,2)  %越上界处理
                trial(k)=bounds(k,2);
            end
        end
        score1=fitnessrevisemodel(trial);  %计算变异个体的适应值
        if(score1<=cost(i2))  %选择操作
            x(i2,1:D)=trial(1:D);
            cost(i2)=score1;
        end
        if (cost(i2)<=Pb)
            Pb=cost(i2);
            Xb(1:D)=x(i2,1:D);
        end
    end
     count=count+1;
end
%目标函数
function eval=fitnessrevisemodel(x0)
eval=x0(1,1)^2+x0(1,2)^2;
```

运行上述程序，可以得到最小值为 2.8684×10^{-14}，最小值对应的解为

$$(-0.0195\times10^{-6},0.1682\times10^{-6}),$$

从结果可以看出非常接近最优解了.

7.4 控制参数对算法性能的影响

控制参数对一个全局优化算法的影响是很大的，差分进化算法的控制变量选择也有一些经验规则.

(1) 种群规模. 从计算复杂度分析，种群规模越大，搜索到全局最优解的可能性就越大，然而所需的计算量和计算时间也要增加. 根据经验，种群规模 NP 的合理选择在 $5D\sim10D$，能很好地保持多样性和收敛速度的平衡.

(2) 缩放因子. 缩放因子 F 是用于控制差分向量对变异个体的影响的. F 较大，有利于保持种群多样性和全局搜索；F 较小，有利于局部搜索和提高收敛速度. 迄今为止的研究表明，缩放因子 F 取值[0.5,1]时，算法得到的结果较好.

(3) 交叉概率. 交叉概率 CR 是一个范围在[0,1]的实数，它控制着一个候选个体参

数来自于随机选择的变异个体而不是原来父代个体的概率.交叉概率 CR 的值较小时,收敛速度较慢,但算法的稳定性好;交叉概率 CR 的值较大时,常常会加速收敛,但易于陷入局部最优.

(4) 最大进化代数.它表示差分进化算法运行到指定的进化代数之后就停止运行,并将当前群体中的最佳个体作为所求问题的最优解输出.

(5) 终止条件.除最大进化代数可作为差分进化算法的终止条件,还有其他判定准则,如一般当目标函数值小于阈值时程序终止,阈值常选为 10^{-6}.

习　题　7

7.1　试用差分进化算法求解 Rosenbrock(10 维) 函数

$$f(x)=\sum_{j=1}^{9}[100\,(x_{j+1}-x_j^2)^2+(x_j-1)^2]$$

在 $x_j\in[0.5,1.5]$ 上的最小值.

7.2　差分进化算法中,除了最大进化代数可以作为该算法的终止条件,如当目标函数值小于给定的阈值时也可以作为终止条件,试将 10^{-30} 作为习题 7.1 中 Rosenbrock(10 维) 函数的精度,修改差分进化算法程序,输出最优解及达到精度时的迭代次数.

第 8 章　粒子群算法

8.1　粒子群算法概述

粒子群算法(Particle Swarm Optimization,PSO)是一种群体智能的优化算法,由 Kennedy R C 和 Kennedy J 于 1995 年提出. 它通过模拟鸟群的捕食行为来实现优化问题的求解. 其基本思想是在每一次迭代中,粒子通过跟踪个体极值(每个粒子所搜索到的当前最优解)和全局极值(整个群体所搜索到的当前最优解)来更新自己.

在粒子群算法中,把优化问题想像成一个在空中觅食的鸟群,食物是优化问题的最优解,而在空中飞行的每一只觅食的鸟(即搜索空间上的一个点,称之为"粒子")都代表优化问题的一个可行解. 用适应度值、在搜索空间中的位置、飞翔速度三项指标来表示每个粒子的特征. 适应度值由目标函数决定,其值的好坏表示粒子的优劣. 粒子的飞翔速度决定了粒子移动的方向和距离,飞翔速度随自身及当前的最优粒子的移动经验进行动态调整. 粒子群算法的原理简单,仅仅通过更新飞翔速度和位置信息来不断进化到全局最优解,无需梯度信息,可调参数少,算法容易实现且运行效率高. 目前,该算法的主要应用领域:多元函数的优化、演化神经网络、模糊控制器设计、实时机器人路径设计以及其他遗传算法的应用领域.

8.2　粒子群算法基本流程

粒子群算法作为演化算法之一,具有与其他演化算法相似的流程,如图 8.1 所示.

对于优化问题 $\min f(x_1,x_2,\cdots,x_D)$ 使得 $x_j^{\min}\leqslant x_j\leqslant x_j^{\max}(j=1,2,3,\cdots,D)$,其中 $x_j^{\min},x_j^{\max}$ 分别为第 j 个分量的取值下界和上界,D 为解空间的维数. 粒子群算法的基本流程如下:

(1) 初始化粒子群. 假设所求解问题的自变量有 D 维,种群大小为 N,则初始化粒子的位置信息表示如下:

$$\{X_i(0)\mid x_{ji}^{\min}\leqslant x_{ji}(0)\leqslant x_{ji}^{\max},i=1,2,\cdots,N,j=1,2,\cdots,D\},$$

其中,$x_{ji}(0)$ 表示第 0 代粒子群中第 i 个粒子的第 j 个分量的位置.

$$x_{ji}(0)=x_{ji}^{\min}+\text{rand}(0,1)(x_{ji}^{\max}-x_{ji}^{\min}),$$

rand(0,1) 是[0,1]上服从均匀分布的随机数.

同理,初始化粒子的速度信息可以表示为

$$\{V_i(0)\mid v_{ji}^{\min}\leqslant v_{ji}(0)\leqslant v_{ji}^{\max},i=1,2,\cdots,N,j=1,2,\cdots,D\},$$

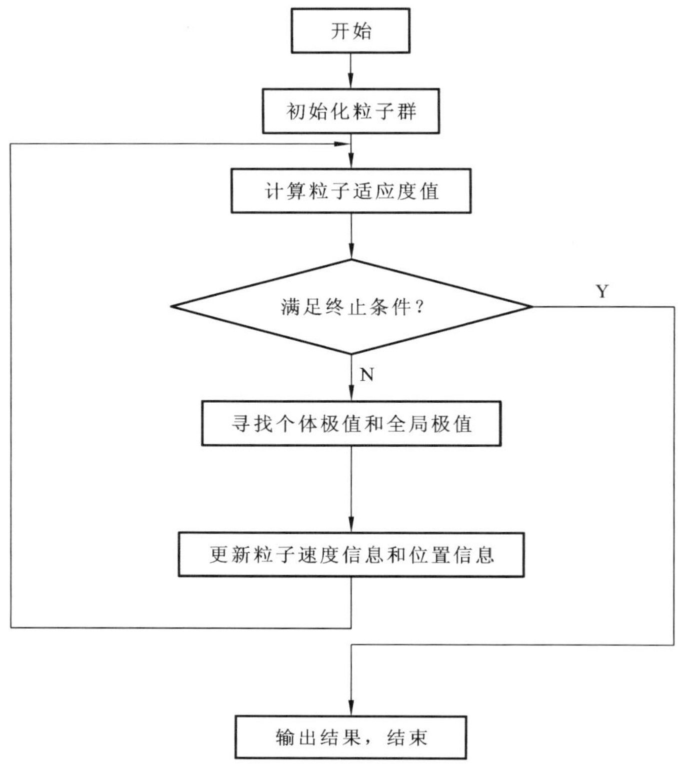

图 8.1　粒子群算法流程图

其中，$v_j^{\min}$，$v_j^{\max}$ 分别表示第 j 个分量的速度最大值和最小值；$v_{ji}(0)$ 表示第 0 代粒子群中第 i 个粒子的第 j 个分量的速度. $v_{ji}(0)=v_{ji}^{\min}+\mathrm{rand}(0,1)(v_{ji}^{\max}-v_{ji}^{\min})$，rand(0,1) 亦是[0,1]上服从均匀分布的随机数.

(2) 计算粒子适应度值. 根据适应度函数计算粒子适应度值.

(3) 寻找个体极值和全局极值. 根据粒子适应度值寻找粒子当前搜索到的最优位置

$$p_i^{\mathrm{Best}}=(p_{1i}^{\mathrm{Best}},p_{2i}^{\mathrm{Best}},\cdots,p_{Di}^{\mathrm{Best}})^{\mathrm{T}}$$

和整个粒子群当前的最优位置

$$g^{\mathrm{Best}}=(g_1^{\mathrm{Best}},g_2^{\mathrm{Best}},\cdots,g_D^{\mathrm{Best}})^{\mathrm{T}}.$$

(4) 速度信息和位置信息更新. 在每次迭代过程中，粒子通过个体极值和全局极值来更新自己的速度信息和位置信息，即

$$v_{ji}(k+1)=\omega\cdot v_{ji}(k)+c_1\cdot\xi\cdot(p_{ji}^{\mathrm{Best}}(k)-x_{ji}(k))+c_2\cdot\eta\cdot(g_j^{\mathrm{Best}}(k)-x_{ji}(k)),\quad(8.1)$$

$$x_{ji}(k+1)=x_{ji}(k)+v_{ji}(k+1).\quad(8.2)$$

其中，ω 为惯性权重，是保持原来速度的系数；k 为当前迭代次数；c_1 和 c_2 称为学习因子，分别是粒子跟踪自己历史最优值的权重系数和粒子跟踪群体最优值的权重系数；ξ 和 η 是均匀分布于[0,1]区间内的随机数.

反复执行(2)～(4)，直到达到最大进化代数，或达到所要求的收敛精度.

8.3　粒子群算法举例

为了更加直观地了解粒子群算法的演化过程，下面以一个简单的函数为例，结合 MATLAB 程序具体说明粒子群算法的基本流程.

例 8.1　计算以下二元函数 $z = 0.4(x-5)^2 + 0.3(y-6)^2 - 0.2$ 的最小值.

分析　此二元函数在二维参数空间曲面图和等高线图如图 8.2 所示，显然 $f(5,6) = -0.2$ 为函数全局最小解.

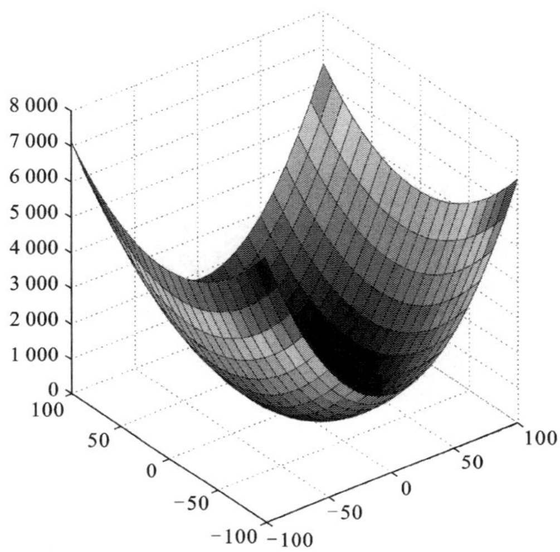

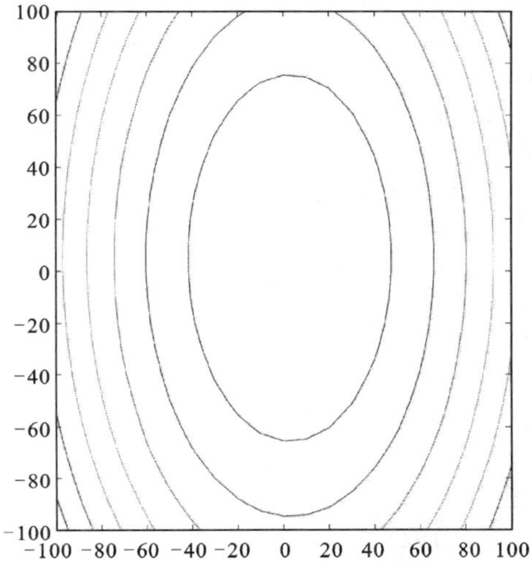

图 8.2　二元函数空间曲面图和等高线图

(1) 初始化粒子群并计算粒子适应度值. 粒子群算法采取均匀的随机初始化方法. 用表来记录初始化粒子群的位置、速度和当前适应度值，为了简便假设粒子群的速度与位置的范围一致，即 $X^{\min} = V^{\min} = -100, X^{\max} = V^{\max} = 100$. 随机初始的 10 个粒子的信息如表 8.1 所示.

表 8.1　初始化粒子群信息

粒子编号	位置信息		速度信息		适应度值
	x	y	v_x	v_y	
1	−75	83	70	87	4 338.5
2	26	−80	36	52	2 395
3	−44	9	49	−21	962.9
4	92	93	31	−65	5 298.1
5	−68	94	41	−93	4 454.6
6	91	−3	−45	−91	2 982.5
7	60	−71	−81	65	2 988.5
8	−16	83	39	−36	1 954.9
9	58	92	90	−93	3 342.2
10	31	−93	−12	−23	3 210.5

(2) 寻找个体极值和全局极值.用表来记录记录每个粒子的历史最优解(个体极值)以及全部粒子搜索到的全局最优解(全局极值),初始时刻 10 个粒子的个体极值点及全局极值点如表 8.2 所示.

表 8.2 个体极值点和全局极值点

粒子编号	极值点	
	x	y
1	−75	83
2	26	−80
3	−44	9
4	92	93
5	−68	94
6	91	−3
7	60	−71
8	−16	83
9	58	92
10	31	−93
全局	−44	9

(3) 位置信息与速度信息更新.按照公式(8.1)和公式(8.2)更新每个粒子的速度信息和位置信息并计算适应度值,在更新过程中不妨设$\omega=1,c_2=c_2=1.5$,10 个粒子更新后的信息如表 8.3 所示.

表 8.3 一次更新后的粒子群信息

粒子编号	位置信息		速度信息		适应度值
	x	y	v_x	v_y	
1	23	100	98	82	2 780.2
2	47	18	21	98	748.6
3	5	−12	49	−21	97
4	−8	−7	−100	−100	118.1
5	3	−2	71	−96	20.6
6	−9	−80	−100	−77	2 297
7	−40	29	−100	100	968.5
8	−16	−17	0	−100	334.9
9	91	−8	33	−100	3 017
10	−53	−100	−84	−15	4 716.2

反复执行上述(2)～(3),直到到达终止条件.

解　运行如下的 MATLAB 程序：

```
function PSO
    D=2;  %维数
    N=10;  %粒子群规模
    W=1;  %惯性权重
    C1=1.5;  %学习因子
    C2=1.5;  %学习因子
    gen_max=1000;  %最大迭代次数
    pop_bounds=ones(D,2);  %位置边界
    pop_bounds(:,1)=-100;  %位置取值下界
    pop_bounds(:,2)=100;  %位置取值上界
    v_bounds=ones(D,2);  %速度边界
    v_bounds(:,1)=-100;  %速度取值下界
    v_bounds(:,2)=100;  %速度取值上界
pop=ones(N,1)*pop_bounds(:,1)'+(ones(N,1)*(pop_bounds(:,2)'
    -pop_bounds(:,1)')).*(rand(N,D))  %初始化粒子群位置
v=ones(N,1)*v_bounds(:,1)'+(ones(N,1)*(v_bounds(:,2)'
  -v_bounds(:,1)')).*(rand(N,D));  %初始化粒子群速度
count=1;  %迭代次数
cost=zeros(1,N);  %存放粒子适应度值
for i=1:N
  cost(i)=f(pop(i,:));  %计算个体适应度值
end
[gbest row]=min(cost);  %全局极值
pgbest=pop(row,:);  %全局极值点
pbest=cost;  %个体极值
ppbest=pop;  %个体极值点
while(count< gen_max)  %循环终止条件是达到最大迭代次数
    for j=1:N
v(j,:)=W*v(j,:)+C1*rand*(ppbest(j,:)-pop(j,:))+C2*rand*
        (pgbest-pop(j,:));  %速度更新
    for k=1:D
        if v(j,k)<v_bounds(k,1)  %速度越下界处理
            v(j,k)=v_bounds(k,1);
        end
        if v(j,k)>v_bounds(k,2)  %速度越上界处理
            v(j,k)=v_bounds(k,2);
```

```
            end
        end
        pop(j,:)=pop(j,:)+v(j,:);  %位置更新
        for k=1:D
          if pop(j,k)<pop_bounds(k,1)  %位置越下界处理
                  pop(j,k)=pop_bounds(k,1);
          end
          if pop(j,k)>pop_bounds(k,2)  %位置越上界处理
                  pop(j,k)=pop_bounds(k,2);
          end
        end
        cost(j)=f(pop(j,:));  %粒子适应度值更新
        if cost(j)<pbest(j)  %个体极值更新
              ppbest(j,:)=pop(j,:)
              pbest(j)=cost(j)
        end
      end
      for j=1:N  %全局极值更新
        if cost(j)<gbest
            pgbest=pop(j,:);
            gbest=cost(j);
        end
      end
    count=count+1;
    end
  %目标函数
  function y=f(x)
  y=0.4*(x(1)-5)^2+0.3*(x(2)-6)^2-0.2;
  end
```

运行上述程序,可以得到最小值为 −0.1989,最小值对应的解为(4.9481,5.9853),从结果可以看出非常接近最优解了.

8.4　控制参数对算法性能的影响

粒子群算法与其他计算智能方法的一个显著区别就是所需调整的参数很少,但是这些关键参数的设置对算法的精度和效率却存在显著影响.

(1) 粒子群规模. 粒子群大小的设定与具体的问题有关,一般正比于问题的维数. 对

于大部分的问题,10 个粒子已经足够可以取得好的结果,不过对于比较难的问题或者特定类别的问题,粒子数可以取到 100 或 200.

(2) 惯性权重. 惯性权重 ω 体现的是粒子保持先前速度的能力,大的惯性权重倾向于全局搜索,而小的惯性权重倾向于局部搜索.

(3) 学习因子. 学习因子 c_1 和 c_2 是每个粒子追踪自已历史最优值和群体最优值的权重系数,决定了粒子个体经验和群体经验对粒子运动轨迹的影响. 较低的学习因子使得粒子在目标区域外徘徊,而较高的学习因子将导致粒子越过目标区域. 经验表明,c_1 和 c_2 设置为 2 为宜,不过在文献中也有其他的取值,但一般 c_1 等于 c_2,并且在范围 0 和 4 之间.

(4) 最大迭代次数. 它表示粒子群算法运行到指定的迭代次数之后就停止运行,并将当前粒子群中的最佳个体作为所求问题的最优解输出.

(5) 终止条件. 达到最大迭代次数或是满足最小误差要求,均可终止程序.

习　题　8

8.1　试用粒子群算法求解非线性函数 $z=\frac{\sin\sqrt{x^2+y^2}}{\sqrt{x^2+y^2}}+\mathrm{e}^{\frac{\cos 2\pi x+\cos 2\pi y}{2}}-\mathrm{e}$ 的最大值.

8.2　粒子群算法中,除了最大进化代数可以作为该算法的终止条件,如当最佳适应度值的增量小于给定的阈值时也可以作为终止条件,试将10^{-6} 作为习题 8.1 中非线性函数的最佳适应度值的增量的阈值,修改粒子群算法程序,输出最优解及算法停止时的迭代次数.

第 9 章　期望最大化算法

最大似然估计(Maximum Likelihood Estimate,MLE)法是一种非常有效的参数估计方法,但在诸多场合下,比如当分布中有多余参数或数据不完整时,求参数的MLE是比较困难的.Dempster 等于 1977 年提出了期望最大化(Expectation Maximization,EM)算法,其目的是把求 MLE 的过程分为两步:第一步求期望,把多余的参数部分去掉;第二步再来求最大值.期望最大化算法在机器学习和计算机视觉的数据聚类(Data Clustering)等领域中得到了广泛的应用.

9.1　最大似然估计

期望最大化算法实质上是最大似然估计的一种延伸算法,在此先对最大似然估计作简要的介绍.

设总体的概率密度函数为 $p(x,\theta)$,$\boldsymbol{\theta}\in\Theta$.其中,$\boldsymbol{\theta}$ 是一个未知参数或几个未知参数组成的参数向量,Θ 是参数 $\boldsymbol{\theta}$ 可能取值的参数空间,$X=\{x_1,x_2,\cdots,x_n\}$ 是来自该总体的样本量为 n 的样本,将样本的联合概率密度函数看成 $\boldsymbol{\theta}$ 的函数,用 $L(\boldsymbol{\theta},X)$ 表示,即

$$L(\boldsymbol{\theta},X)=\prod_{i=1}^{n}p(x_i,\boldsymbol{\theta}),\tag{9.1}$$

则 $L(\boldsymbol{\theta},X)$ 称为样本的似然函数.

显然,随着参数 $\boldsymbol{\theta}$ 的变化,似然函数也会变化,而最大似然估计就是要寻找最优的 $\boldsymbol{\theta}$,使得似然函数达到最大.如果某统计量 $\hat{\theta}=\hat{\theta}(X_1,X_2,\cdots,X_n)$ 满足

$$L(\hat{\theta};X)=\max_{\boldsymbol{\theta}\in\Theta}L(\boldsymbol{\theta},X),\tag{9.2}$$

则称 $\hat{\theta}$ 是 $\boldsymbol{\theta}$ 的最大似然估计,简记为 MLE.

由于 $\ln x$ 是 x 的单调增函数,因此,使对数似然函数 $\ln L(\boldsymbol{\theta},X)$ 达到最大与使 $L(\boldsymbol{\theta},X)$ 达到最大是等价的,两者有相同的最大值点,而由 $\ln L(\boldsymbol{\theta},X)$ 出发寻找 $\boldsymbol{\theta}$ 的最大似然估计,往往会使计算更方便.当 $L(\boldsymbol{\theta},X)$ 是可微函数时,求导是求最大似然估计最常用的方法.因此,可以通过对对数似然函数求导,令其为零来求得极值点,即

$$\frac{\partial}{\partial\theta}\ln L(\boldsymbol{\theta},X)=0.\tag{9.3}$$

9.2　期望最大化算法原理及基本步骤

期望最大化算法是寻找参数最大似然估计的一种常用的迭代算法,其中概率模型依赖于无法观测的隐藏变量(Latent Variable).这种算法简单实用,广泛地应用于解决下面

两种情况的参数估计:第一种是分布中有多余参数或数据为截尾或缺失;第二种是似然函数表达式不是显式,或者似然函数表达式过于复杂,难以用最大似然这种传统方法求解似然方程的解.

已知 $X=(x_1,x_2,\cdots,x_n)$ 是观测数据,$Y=(y_1,y_2,\cdots,y_m)$ 是潜在数据,Y 是人为引入的不能观测的潜在变量(Latent Variable),于是称数据 (X,Y) 为完全数据(Complete Data),观测到的数据 X 称为不完全数据. 设 $\theta^{(i)}$ 表示在第 i 次迭代时估计得到的最大值点,其中 $i=0,1,\cdots$. 记 $L(\theta;X,Y)$ 为添加数据 Y 后得到的关于 θ 的完全数据的似然函数,$p(y|X,\theta^{(i)})$ 为给定的观测数据 X 和 $\theta^{(i)}$ 下观测数据 Y 的条件分布密度函数,$Q(\theta|X,\theta^{(i)})$ 为观测数据 X 和 $\theta^{(i)}$ 条件下完全数据的对数似然函数的期望,即

$$Q(\theta|X,\theta^{(i)})=E_Y(\ln L(\theta;X,Y)|X,\theta^{(i)})=\int \ln L(\theta;X,y)\cdot p(y|X,\theta^{(i)})\mathrm{d}y,\quad(9.4)$$

通过对 Y 求条件期望,就把 Y 给积分掉了,使得 $Q(\theta|X,\theta^{(i)})$ 成为一个仅关于 θ 的函数,以便于求使得 $Q(\theta|X,\theta^{(i)})$ 达到最大的 θ,记为 $\theta^{(i+1)}$,可以供给下一次迭代使用.

期望最大化算法分两步交替进行迭代求解:

(1) E 步(求期望):在已有的观测数据 X 和第 i 次估计值 $\theta^{(i)}$ 的条件下,求基于完全数据的对数似然函数的期望,把其中与 Y 有关的部分积分掉,即

$$Q(\theta|X,\theta^{(i)})=E_Y(\ln L(\theta;X,Y)|X,\theta^{(i)});\quad(9.5)$$

(2) M 步(最大化):求 $Q(\theta|X,\theta^{(i)})$ 关于 θ 的最大值点 $\theta^{(i+1)}$,即找 $\theta^{(i+1)}$ 使得

$$Q(\theta^{(i+1)}|X,\theta^{(i)})=\max_{\theta}Q(\theta|X,\theta^{(i)}).\quad(9.6)$$

这样就完成了一次由 $\theta^{(i)}$ 到 $\theta^{(i+1)}$ 的迭代,M 步上找到的参数估计值被用于下一个 E 步计算中,重复上述 E 步和 M 步直至参数估计收敛,即

$$\| Q(\theta^{(i+1)}|X,\theta^{(i)})-Q(\theta^{(i)}|X,\theta^{(i)})\| \quad 或 \quad \|\theta^{(i+1)}-\theta^{(i)}\|$$

充分小为止就可得到 θ 的 MLE.

期望最大化算法的流程如图 9.1 所示.

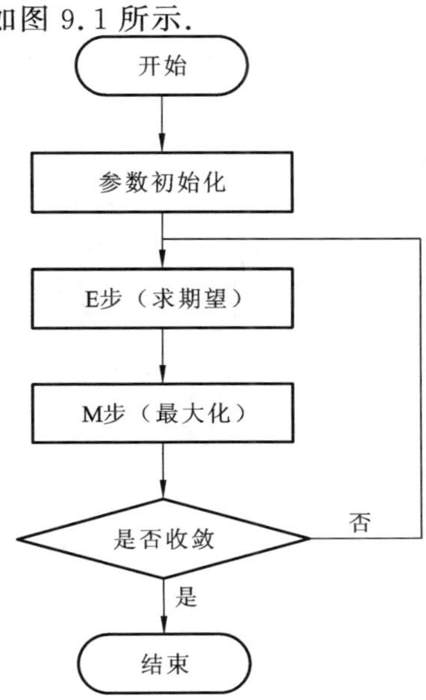

图 9.1　期望最大化算法流程图

9.3 期望最大化算法举例

为了更进一步理解和掌握期望最大化算法的基本理论和计算方法，下面我们来看一个例子.

例 9.1(基因环模型) 假设一次实验可能有 4 种结果，其发生的概率分别为$\frac{1}{2}-\frac{\theta}{4}$，$\frac{1-\theta}{4}$，$\frac{1+\theta}{4}$，$\frac{\theta}{4}$. 其中，$\theta\in(0,1)$，现进行了 197 次实验，4 种结果的发生次数分别为 75，18，70，34. 试求 θ 的 MLE.

解 记 $X=(x_1,x_2,x_3,x_4)$ 表示 4 种结果发生的次数，依题意，总体服从多项分布，则其似然函数为

$$\begin{aligned}L(\theta;X)&\propto\left(\frac{1}{2}-\frac{\theta}{4}\right)^{x_1}\left(\frac{1-\theta}{4}\right)^{x_2}\left(\frac{1+\theta}{4}\right)^{x_3}\left(\frac{\theta}{4}\right)^{x_4}\\&\propto(2-\theta)^{x_1}(1-\theta)^{x_2}(1+\theta)^{x_3}\theta^{x_4}.\end{aligned}\tag{9.7}$$

由于(9.7)式的对数似然方程是一个三次多项式，因此求解 θ 的 MLE 是比较麻烦的. 下面引入变量 $Y=(y_1,y_2)$，使得求解变容易. 现假设第一种结果可以分解成两部分，其发生概率分别为$\frac{1-\theta}{4}$和$\frac{1}{4}$，令 y_1 和 x_1-y_1 分别表示试验中结果落入这两部分的次数；再假设第三种结果分成两部分，其发生概率分别为$\frac{\theta}{4}$和$\frac{1}{4}$，令 y_2 和 x_3-y_2 分别表示落入这两部分的次数. 因为 y_1 和 y_2 是人为引入的，它们是不能观测的潜在数据，于是称数据(X,Y)为完全数据，观测到的数据 X 称为不完全数据，则完全数据的似然函数为

$$\begin{aligned}L(\theta;X,Y)&\propto\left(\frac{1}{4}\right)^{x_1-y_1}\left(\frac{1-\theta}{4}\right)^{y_1+x_2}\left(\frac{1}{4}\right)^{x_3-y_2}\left(\frac{\theta}{4}\right)^{y_2+x_4}\\&\propto\theta^{y_2+x_4}(1-\theta)^{y_1+x_2},\end{aligned}\tag{9.8}$$

其对数似然函数为

$$\ln L(\theta;X,Y)=(y_2+x_4)\ln\theta+(y_1+x_2)\ln(1-\theta).\tag{9.9}$$

若(X,Y)都已知，则由上式很容易求得 θ 的 MLE，但是我们只知道 X 的值，不知道 Y 的值，不过可以求得. 当 X 和 θ 已知时，$y_1\sim b\left(x_1,\frac{1-\theta}{2-\theta}\right)$，$y_2\sim b\left(x_3,\frac{\theta}{1+\theta}\right)$，于是，下面分两步进行迭代求解(在第 $i+1$ 次迭代中，假设有估计值 $\theta^{(i)}$)：

(1) E 步：在给定的 X 和 $\theta^{(i)}$ 下，求基于完全数据的对数似然函数的期望，把其中与 Y 有关的部分积分掉，即

$$\begin{aligned}Q(\theta|X,\theta^{(i)})&=E_Y((y_2+x_4)\ln\theta+(y_1+x_2)\ln(1-\theta)|X,\theta^{(i)})\\&=(E(y_2|X,\theta^{(i)})+x_4)\ln\theta+(E(y_1|X,\theta^{(i)})+x_2)\ln(1-\theta)\\&=\left(\frac{\theta^{(i)}}{1+\theta^{(i)}}x_3+x_4\right)\ln\theta+\left(\frac{1-\theta^{(i)}}{2-\theta^{(i)}}x_1+x_2\right)\ln(1-\theta).\end{aligned}\tag{9.10}$$

(2) M 步：将上式右边关于 θ 求导，并令其等于 0，即

$$\frac{\frac{\theta^{(i)}}{1+\theta^{(i)}}x_3+x_4}{\theta}-\frac{\frac{1-\theta^{(i)}}{2-\theta^{(i)}}x_1+x_2}{1-\theta}=0, \tag{9.11}$$

于是得到迭代公式：

$$\theta^{(i+1)}=\frac{\frac{\theta^{(i)}}{1+\theta^{(i)}}x_3+x_4}{\frac{\theta^{(i)}}{1+\theta^{(i)}}x_3+x_4+\frac{1-\theta^{(i)}}{2-\theta^{(i)}}x_1+x_2}. \tag{9.12}$$

可以任意取一个初始值进行迭代，这里取 $\theta^{(0)}=0.5$，经过迭代后收敛到 0.6067，即求得 θ 的 MLE.

下面运用 MATLAB 进行迭代计算，并得到收敛曲线图：

```
clear;clc;
th=0.00000001;  %精度
x1=75;x2=18;x3=70;x4=34;
theta=0.5;
k=1;
while 1
the(k)=theta;
    c=theta;
    a=theta*x3/(theta+1)+x4;
    b=a+(1-theta)*x1/(2-theta)+x2;
theta=a/b;
if abs(c-theta)<=th
break;
end
    k=k+1;
end
theta
M=[1:k];
for i=1:k
plot(i,the(i),'*r');
pause(0.5)
hold on
end
hold on
plot(M,the)
xlabel('迭代次数');ylabel('估计值')
```

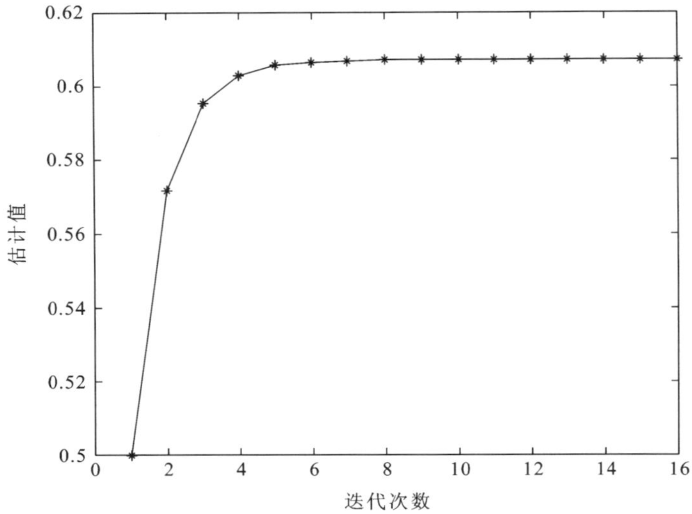

图 9.2　EM 迭代收敛曲线图

9.4　期望最大化算法的收敛性

期望最大化算法的最大优点是简单和稳定，其主要目的是提供一个简单的迭代算法来计算最大似然估计，那么这种算法能否达到预期的要求？就是说，由期望最大化算法得到的估计序列是否收敛，如果收敛，其结果是不是全局最大值点，或者是局部最大值点. 本节不加证明地给出相关结论.

定理 9.1　记期望最大化算法的估计序列为 $\{\theta^{(i)}\}$，该算法的每一次迭代后都提高了观测数据的对数似然函数 $\ln L(\theta;X)$ 的值，即

$$\ln L(\theta^{(i+1)};X)\geqslant \ln L(\theta^{(i)};X). \tag{9.13}$$

定理 9.2　若似然函数有上界，则 $L(\theta^{(i)};X)$ 收敛到某个 L^*；若 $Q(\theta;\varphi)$ 关于 θ 和 φ 都连续，则在关于 L 的很一般的条件下，由期望最大化算法得到的估计序列 $\theta^{(i)}$ 的收敛值 θ^* 是 L 的稳定点.

可见算法在每次迭代后，似然函数（或者说是对数似然函数）值逐渐变大，估计序列最终将收敛到最大似然估计. 似然函数序列的收敛性比估计序列的收敛性更有意义，但期望最大化算法的结果只能保证估计序列收敛到似然函数的稳定点，不能保证收敛到最大值点，也就是说收敛到一个局部最大值点. 实际上，任何一种算法都很难保证其结果为最大值点. 我们在运用算法时可以选取几个不同的初值进行迭代，然后再加以选择，这样可以减轻初值选取对结果的影响.

习　题　9

9.1　设一次实验可能有 4 个结果，其发生的概率分别为 $\frac{1}{2}+\frac{\theta}{4},\frac{1-\theta}{4},\frac{1-\theta}{4},\frac{\theta}{4}$，其

中 $\theta \in (0,1)$，现进行了 197 次实验，4 种结果的发生次数分别为 125，18，20，34. 试用 EM 算法求 θ 的 MLE.

9.2　表 9.1 的数据来自如下模型：在第 i 组中的第 j 个观测值为 x_{ij}，$(x_{ij} \mid \mu_i, \sigma) \sim N(\mu_i, \sigma^2)(j = 1,2,\cdots,n_i; i = 1,2,\cdots,m)$，且诸 x_{ij} 相互独立. 设 $\mu_i \sim N(\mu, \tau^2)$，记 $\theta = (\mu, \sigma, \tau)$，$X = \{x_{ij} \mid j = 1,\cdots,n_i; i = 1,\cdots,m\}$，$Y = (\mu_1,\cdots,\mu_m)$，$n = \sum_{i=1}^{m} n_i$. 试用 EM 算法求 μ,σ,τ 的估计值.

表 9.1　实验数据

组别 i	观测值
1	62,60,63,59
2	63,67,71,64,65,66
3	68,66,71,67,68,68
4	56,62,60,61,63,64,63,59

第 10 章　马尔可夫链蒙特卡罗算法

马尔可夫链蒙特卡罗(Markov chain Monte Carlo,MCMC)算法是一种动态的(模拟过程中改变了抽样分布)计算机模拟技术,它是根据某一已知的多维随机变量的分布,特别是根据以贝叶斯(Bayes)推断为中心的多元后验分布来模拟服从该分布的随机样本的一种方法,是一种将马尔可夫过程引入到蒙特卡罗模拟中,实现抽样分布随模拟的进行而改变的模拟方法,该算法为高维积分的计算,进而为贝叶斯统计方法的应用开辟了新的道路.

10.1　MCMC 算法的基本原理

在用蒙特卡罗算法估计积分

$$I=\int_A g(x)\mathrm{d}x \tag{10.1}$$

时,总是把此积分表示成一个对某个概率密度 $\pi(x)$ 下的期望,即

$$I=\int_A \frac{g(x)}{\pi(x)}\pi(x)\mathrm{d}x \tag{10.2}$$

的形式. 当从概率密度 $\pi(x)$ 的分布中产生容量为 n 的样本,设为 $X^{(1)},X^{(2)},\cdots,X^{(n)}$, $I_A(\cdot)$ 表示集合 A 的示性函数,则由大数定律

$$\frac{1}{n}\sum_{i=1}^{n}\frac{g(X^{(i)})}{\pi(X^{(i)})}I_A(X^{(i)})\xrightarrow{P}E\left(\frac{g(X^{(1)})}{\pi(X^{(1)})}I_A(X^{(i)})\right)=I=\int_A\frac{g(x)}{\pi(x)}\pi(x)\mathrm{d}x, \tag{10.3}$$

从而将积分估计问题转化成从目标概率密度 $\pi(x)$ 中产生随机样本来进行求解,这就是蒙特卡罗积分. 在随机模拟中最关键的是产生以 $\pi(x)$ 为密度函数的随机样本,然后对它们应用提出的统计方法作统计推断.

蒙特卡罗算法的一个基本步骤是产生(伪)随机数,使之服从一个概率分布 $\pi(x)$,当 X 是一维的情况时,这很容易做到. 但 X 常取值于 R^k,多维随机变量要想直接产生符合分布 $\pi(x)$ 的独立样本通常是不可行的. 在 MCMC 方法中,它是以动态构造马尔可夫链为基础,通过遍历性约束来实现模拟目标分布 $\pi(x)$ 的一类随机模拟方法. 其基本思想是构造一个概率转移矩阵,建立一个以分布 $\pi(x)$ 为平稳分布的马尔可夫链来得到 $\pi(x)$ 的样本,由这些随机抽样得到的样本进行各种统计推断和决策.

目前,MCMC 算法已经成为一种处理复杂统计问题的特别流行的工具,尤其在经常需要复杂的高维积分运算的贝叶斯分析领域更是如此. 贝叶斯后验量的计算可归结为关于后验分布的积分. MCMC 算法思想是通过建立后验平稳分布 π 的马尔可夫链,并从中

抽样,来获取后验分布样本进行统计推断,这就不需要对被积函数进行数值计算,从而保证求解过程的有效实施和稳定性. MCMC 方法解决了高维数值积分问题带来的不便,有利于贝叶斯理论的推广应用.

10.1.1 马尔可夫链的有关概念

当一个随机过程在某一时刻 t_0 所处的状态已知的条件下,过程在时刻 $t > t_0$ 时所处的状态只和 t_0 时刻有关,而与 t_0 以前的状态无关,则这种随机过程称为马尔可夫过程. 因此它未来的状态,只与现在所处状态有关,而与 t_0 以前的状态无关(无后效性成立),即当已知"现在"的条件下,过程"将来"的情况与过程"过去"的情况是无关的. 具有马尔可夫性的随机过程就是马尔可夫过程,时间和状态都是离散的马尔可夫过程称为马尔可夫链.

定义 10.1 设随机序列 $\{X(n), n \geqslant 0\}$,参数集为 T(离散),状态空间为 S(离散),如果对于任意的 $n \geqslant 2$,任意的 $t_1 < t_2 < \cdots < t_n \in T$,在条件 $X(t_i) = x_i \in S(i = 1,2,\cdots, n-1)$ 下,$X(t_n)$ 的条件分布函数恰好等于在条件 $X(t_{n-1}) = x_{n-1}$ 下的条件分布函数,即

$$P(X(t_n) \leqslant x_n \mid X(t_1) = x_1, \cdots, X(t_{n-1}) = x_{n-1}) = P(X(t_n) \leqslant x_n \mid X(t_{n-1}) = x_{n-1}), \tag{10.4}$$

则称 $\{X(n), n \geqslant 0\}$ 为马尔可夫链.

式(10.4) 刻画了马尔可夫链的特性,称此特性为马尔可夫性或无后效性(即随机过程将来的状态只与现在的状态有关,而与过去无关),简称为马氏性. 马尔可夫链也称为马氏链.

定义 10.2 设 $\{X(n), n \geqslant 0\}$ 为马氏链,状态空间为 S,对于任意 $i, j \in S$,称条件概率

$$P\{X(n+1) = j \mid X(n) = i\} = p_{ij}(n) \tag{10.5}$$

为马氏链 $\{X(n), n \geqslant 0\}$ 在 n 时刻的一步转移概率.

若系统的一步状态转移概率不随时间变化,即转移矩阵在各个时刻都相同,称该系统是稳定的,这个假设称为稳定性假设. 后面的讨论均假定满足稳定性条件,即任意 $i, j \in S$,有

$$P\{X(n+1) = j \mid X(n) = i\} = p_{ij}. \tag{10.6}$$

式(10.6) 的右边与时刻 n 无关,则称此马氏链为齐次(或时齐的) 马氏链. 对于齐次马氏链,记 $P = (p_{ij})$,称矩阵 P 为齐次马氏链的一步转移概率矩阵,简称为转移矩阵.

若马氏链的状态空间是有限的,设状态数为 N,则一步转移矩阵是 N 阶方阵,若状态是无限可列的情形,则一步转移矩阵是形式上的无穷行数、列数的矩阵.

定义 10.3 设有限状态齐次马氏链的状态空间为 $S = \{1, 2, \cdots, N\}$,经过 k 步转移由状态 i 转移到状态 j 的概率记为

$$P\{X(n+k) = j \mid X(n) = i\} = p_{ij}^{(k)} \quad (i, j = 1, 2, \cdots, N),$$

则称矩阵

$$P^{(k)} = \begin{bmatrix} p_{11}^{(k)} & p_{12}^{(k)} & \cdots & p_{1N}^{(k)} \\ p_{21}^{(k)} & p_{22}^{(k)} & \cdots & p_{2N}^{(k)} \\ \vdots & \vdots & & \vdots \\ p_{N1}^{(k)} & p_{N2}^{(k)} & \cdots & p_{NN}^{(k)} \end{bmatrix} \tag{10.7}$$

为该马氏链的 k 步状态转移矩阵.

当系统满足稳定性假设时,由著名的切普曼-柯尔莫果洛夫(C-K) 方程可得

$$P^{(n)} = P^n,$$

其中,P 为一步状态转移矩阵. 即当系统满足稳定性假设时,n 步状态转移矩阵为一步状态转移矩阵的 n 次方.

$\pi_j(t) = P\{X(t) = j\}$ 表示马氏链在 t 时刻处于状态 j 的概率,用 $\pi(t)$ 表示在 t 时刻状态空间概率的行向量,初始向量用 $\pi(0)$ 表示,通常 $\pi(0)$ 中只有一个分量为 1,其余全是 0,也即意味着马氏链是从一个特定的状态开始,随着时间的变化,概率值扩散到整个状态空间. 从而当马氏链的初始分布为$\{\pi_j(0), j = 1,2,\cdots\}$,一步转移概率矩阵为 P 时,可得 n 时刻马氏链的状态概率分布$\{\pi_j(n), j = 1,2,\cdots\}$ 为

$$(\pi_1(n), \pi_2(n), \cdots) = (\pi_1(0), \pi_2(0), \cdots)P^n,$$

即

$$\pi(n) = \pi(0)P^n. \tag{10.8}$$

可见,对于齐次马氏链$\{X(n), n \geqslant 0\}$,只要得到了马氏链的一步转移概率及初始分布,就可以求得马氏链的任意前有限维的联合分布. 即利用一步转移矩阵及初始分布就可以完全确定齐次马氏链的统计性质.

10.1.2 马尔可夫链的性质

关于 n 步转移概率矩阵 $P^{(n)}$,当 $n \to \infty$ 时可考虑其极限分布以及与马氏链的平稳分布之间的关系. 下面简单描述性地给出几个概念.

如果对所有的状态 i,j 都有某正整数 n_{ij},使得 $P_{ij}^{n_{ij}} > 0$,则称此马氏链为不可约的,也就是所有状态互相之间都是相互通达的,从一个状态总能转移到另一状态(虽然可能不止一步). 如果从状态 i 到状态 j 的步数都不是某个整数的倍数(即无公约数),就称此链是非周期的,换句话说,马氏链不会在某些状态之间以固定的长度陷入循环. 如果马氏链从状态 i 出发能以概率 1 最终回到 i,则称状态 i 为常返态. 所有状态全是常返态的链称为常返链. 若状态 i 的平均回访时间不是 ∞,则称为正常返的,正常返的非周期状态称为遍历态.

对于不可约的有限状态马氏链,有以下结论.

定理 10.1 设不可约马氏链$\{X(n), n \geqslant 0\}$ 的状态空间 S 有限,对 S 中的任意二个状态 i 与 j,转移概率为 $p_{ij} > 0$,则存在 S 上的一个分布 $\pi = \{\pi_1, \pi_2, \cdots, \pi_N\}$ 使得对一切 S 中的状态 i 与 j 都有

(1) $\sum\limits_k \pi_k p_{kj} = \pi_j, \pi_j \geqslant \delta$;

(2) $|p_{ij}(n) - \pi_j| \leqslant (1 - N\delta)^n, \delta = \min\{p_{ij}, i,j \in S\} \leqslant \dfrac{1}{N}$.

这里分布 π 被称为是"平稳分布"(Stationary Distribution) 或者"稳态分布"(Steady-State Distribution).

更一般地,可考虑时间离散、状态连续的马氏链,设$\{X^{(t)}, t \geqslant 0\}$ 为取值连续的马尔可夫链,其一步转移概率函数为

$$P(x \to B) = \int_B p(x, x')\mathrm{d}x'.$$

$p(x,x')$ 称为该马尔可夫链的转移核，假定与当前时间 t 无关，即该马尔可夫链是时间齐次的，转移概率函数满足

$$p(x,x') = p(s;x,x') = P(X^{(t+s)} = x' \mid X^{(t)} = x),$$

与 t 无关. 如果 $\pi(x)$ 满足

$$\int \pi(x)p(x,x')\mathrm{d}x = \pi(x'), \forall x' \in S, \tag{10.9}$$

则称 $\pi(x)$ 为转移核 $p(x,x')$ 的平稳分布.

一个平稳分布对应于特征值为 1 的条件分布函数的特征方程. 平稳分布是否存在，以及如果存在是否唯一，这是由过程的特定性质决定的. 定理说明：随着转移步数 n 的增长，转移矩阵 P^n 每一列的各元素越来越接近，最终以行向量 π 的对应分量为共同极限. 这意味着无论从什么分布出发，当时间充分长后马氏链的分布渐近于 π. 即无论系统初始处于何种状态，在经过足够多的状态转移之后，该马氏链均达到一个稳态. 因此，欲求长期转移概率矩阵，即进行长期状态预测，只要求出稳态概率矩阵 $T(\triangleq \lim\limits_{n\to\infty}P^n)$；而 T 的每个行向量都是固定概率向量，所以只须求出固定概率向量 π 就行了.

10.2　基于 MCMC 的吉布斯随机模拟抽样方法

10.2.1　MCMC 算法的基本思想与步骤

MCMC 算法是使用马尔可夫链的蒙特卡罗方法，在贝叶斯统计的应用中，其基本思想是：构造一条马尔可夫链使其平稳分布为待估参数的后验分布，通过这条马尔可夫链产生后验分布的样本，并基于马尔可夫链达到平稳分布时的样本(有效样本)进行蒙特卡罗积分.

存在一个问题是：样本中 $X^{(0)}$ 对 $X^{(t)}$ 有什么影响，就是说，在给定 $X^{(0)}$ 而没有$\{X^{(1)},\cdots,X^{(t-1)}\}$的信息情况下，$X^{(t)}$ 的分布情况怎样？将 $X^{(0)}$ 给定下 $X^{(t)}$ 的条件分布记为 $P^{(t)}X^{(t)} \mid X^{(0)}$，那么，不同的 $X^{(0)}$ 的取值对 $X^{(t)}$ 的分布是否有显著影响？作为起始状态，$X^{(0)}$ 最好具有分布 $\pi(x)$，由平稳分布的定义保证任一 $X^{(t)}$ 的边际分布也是 $\pi(x)$，然而这在需要应用 MCMC 时通常做不到，正因为从 $\pi(x)$ 难以直接取样所以才借助 MCMC 算法. 事实上，并不需要起始状态的边际分布就是 $\pi(x)$，从不同的 $X^{(0)}$ 出发，经过一段时间的迭代后，可以认为各个时刻的 $X^{(t)}$ 的边际分布都是平稳分布 $\pi(x)$，此时，则可以称之为收敛. 而在收敛出现以前的一段时间，比如前 m 次迭代中，各个状态的边际分布还不能认为是 $\pi(x)$，因此在用样本估计积分 $E(f)$ 时，应该把前面的 m 个迭代值去掉，而用后面的 $n-m$ 个迭代结果来估计，即

$$\hat{E}_n(f(X)) \approx \frac{1}{n-m}\sum_{t=m}^{n} f(X^{(t)}). \tag{10.10}$$

上式称为遍历(Ergodic) 平均，由平稳过程的遍历性定理，有 $\hat{E}_n(f(X)) \to Ef(X)$ $(n\to\infty)$.

从模拟计算的角度看,构造的转移核应使已知的概率分布 $\pi(x)$ 为平稳分布,因此,在采用 MCMC 算法时,转移核的构造具有至关重要的作为. 不同的 MCMC 算法,如 Gibbs 抽样方法、Metropolis 方法等,往往也就是构造转移核的方法不同. 下面将主要具体介绍吉布斯抽样方法.

至此,MCMC 算法的基本思路可概括为:

(1) 在 X 上选一个"合适"的马尔可夫链,使其转移核为 $p(\cdot,\cdot)$,这里"合适"的含义主要指 $\pi(x)$ 应是其相应的平稳分布;

(2) 由 X 中某一点 $X^{(0)}$ 出发,用(1) 中的马尔可夫链产生点序列 $X^{(1)},\cdots,X^{(n)}$;

(3) 对某个 m 和大的 n,任一多元函数 $f(x)$ 作用于 X 得到的 $f(X)$ 的期望估计如下

$$\hat{E}_{\pi}f=\frac{1}{n-m}\sum_{t=m+1}^{n}f(X^{(t)}),$$

其中,$\{X^{(t)}\}(t\geqslant 0)$ 为 X 上的马尔可夫链,其一步转移概率函数为

$$P(x\to B)=\int_B p(x,x')\mathrm{d}x'(\text{连续}),$$

$p(x,x')$ 为马尔可夫链的转移核.

10.2.2　吉布斯抽样

吉布斯抽样(Gibbs Sampling) 是一种有效可行的高维分布总体的样本生成法,它是首先由 S Geman 和 D Geman 引入,用这种方法构造转移核的马尔可夫链获得样本称作吉布斯采样法(Gibbs Samplers).

设 $X=(X_1,X_2,\cdots,X_n)$ 的密度函数为 $\pi(x)$,任意固定集合 $T\subset N$,$x_T\triangleq\{x_i,i\in T\}$,$x_{-T}=\{x_i,i\notin T\}$. 此处 $N=\{1,2,\cdots,n\}$,下标 $-T$ 表示 N 中去掉 T 集后剩余元素所成集合. 在给定 $x_{-T}=x_{-T}$ 条件下,定义随机变量 $X'=(X'_1,X'_2,\cdots,X'_n)$,$X'_{-T}=x_{-T}$,而 X'_T 具有密度函数 $\pi(X'_T\mid x_{-T})$,则对任一可测集 B 有

$$P(X'\in B)=\int_B \pi(x'_{-T})\pi(x'_T\mid x'_{-T})\mathrm{d}x'=\int_B \pi(x)\mathrm{d}x=\pi(B).$$

因而 X' 的密度函数也是 $\pi(x)$,构造一个不可约正常返马氏链的平稳分布正好是某个给定的分布 π(即前面所提到的高维总体).

上述过程定义了一个由 X 到 X' 的转移核,且相应的平稳分布是 π. 当 T 只含有一个元素时称为单元素 Gibbs 抽样. 单元素 Gibbs 抽样是最简单的 MCMC,比如 $T=\{i\}$ 时,单元素 Gibbs 抽样时在给定 $x_1,\cdots,x_{i-1},x_{i+1},\cdots,x_n$ 下,由 x_i 关于$(x_1,\cdots,x_{i-1},x_{i+1},\cdots,x_n)$ 的满条件分布(注意到,在上述的条件分布中,所有的变量全部出现了,或出现在条件中,或出现在变元中) 抽样,因为它只涉及单变量抽样,这使之最具吸引力.

在 Gibbs 抽样的构造之初,假设 X 具有密度函数 $\pi(x)$,这在实际中往往做不到,但这并不影响 Gibbs 抽样,在一般的条件下,这样的迭代依分布收敛到 π. 下面将单元素 Gibbs 抽样具体化写出.

在给出起始点 $x^{(0)}=(x_1^{(0)},x_2^{(0)},\cdots,x_k^{(0)})$ 后,假定第 t 次迭代开始时的估计值为 $x^{(t-1)}$,则第 t 次迭代分为如下 k 步:

由满条件分布 $\pi(x_1\mid x_2^{(t-1)},x_3^{(t-1)},\cdots,x_k^{(t-1)})$ 抽取 $x_1^{(t)}$;

……

再由满条件分布 $\pi(x_i \mid x_1^{(t)},\cdots,x_{i-1}^{(t)},x_{i+1}^{(t-1)}\cdots,x_k^{(t-1)})$ 抽取 $x_i^{(t)}$；

……

最后由满条件分布 $\pi(x_k \mid x_1^{(t)},\cdots,x_{k-2}^{(t)},x_{k-1}^{(t)})$ 抽取 $x_k^{(t)}$.

记 $x^{(t)}=(x_1^{(t)},x_2^{(t)},\cdots,x_k^{(t)})$，则 $x^{(1)},x^{(2)},\cdots,x^{(n)}$ 是马尔可夫链的样本值，其由 x 至 x' 的转移概率函数为

$$p(x,x')=\pi(x'_1 \mid x_2,x_3,\cdots,x_k)\pi(x'_2 \mid x'_1,x_3,\cdots,x_k)\cdots\pi(x'_k \mid x'_1,x'_2,\cdots,x'_{k-1}).$$

由前述讨论，可验证 $\pi(x)$ 正是以 $(p(x,x'))$ 为转移阵的马氏链的平稳分布. 注意：这里并不需知道 $\pi(x_1,x_2,\cdots,x_k)$ 的具体表达式是什么，只需要知道在固定其他一切分量的条件下，余下的某一个分量的条件分布能确定即可，即当 $\pi(x_1,x_2,\cdots,x_k)$ 相差一个常数因子确定时，仍可以得到以 $(p(x,x'))$ 为转移阵的马氏链的样本. 另外，$p(x,x')$ 是一维条件分布的乘积，获得遵从这些一维条件分布的样本时，可以利用生成此一维分布的现成统计软件.

下面对 MCMC 算法的相关问题作一些简单的说明.

(1) 收敛性问题. 要使 Gibbs 抽样能够应用到实际问题中去，还必须知道什么时候 Gibbs 抽样可以停止，以及怎样对 Gibbs 抽样得到的数据进行分析，即收敛性问题，这是一个重要而困难的问题.

大多数判断马氏链收敛的常规方法是基于监测一个或一些状态的数量函数，比如这样的函数，它的期望是我们在估计中感兴趣的，随着时间的增加，简单地画出这些函数，然后在直观上判断什么时候达到平稳. 比如，在由 Gibbs 抽样得到的链中每隔一段距离计算一次参数的遍历均值，为了使得用来计算平均值的变量近似独立，通常每隔一段取一个样本，当这样算得的均值稳定后，可认为 Gibbs 抽样收敛. 在实际操作中也可以在同一个二维图中画出这些不同的马尔可夫链产生的后验样本值对迭代次数的散点图，如果经过若干次迭代后，这些散点图基本稳定重合在一起，则可判断其算法收敛.

另一种方法是用 Gibbs 抽样同时产生多个马尔可夫链进行判断. 当从一条轨道判断马氏链的收敛性不可靠时，需借助多条轨道的作用. 思路是选取多个不同的初值同时产生多条马尔可夫链，在经过一段时间后，如果这几条链稳定下来，则 Gibbs 抽样收敛了.

(2) 初始状态分布的选择问题. 马氏链到达平稳分布的时间经常受到选择的初始分布的影响. 初始分布还影响到在判断收敛时怎样用马氏链的多重实现. 理想的初始分布最好是我们想要从中抽样的分布，但这通常做不到. 在有些问题中，可能可以从渴望的分布直接产生样本，但需大量的计算产生一些值，然后利用它们作为马氏链的初始状态，并且分布是不变的，从而从每一获得的初始点得到更多的信息. 在这种方法下，马氏链是收敛的，无需舍弃链的初始阶段，也无需马氏链是遍历的. 对一个 Bayes 推断问题，希望的平稳分布是后验分布. 一个可能的初始分布是对该参数的先验分布. 另外，模拟退火也可看做一种寻找最好的初始状态的一种方法.

(3) 误差分析. 根据大数定律和中心极限定理，Monte Carlo 近似值的误差项是 $o(n^{-1/2})$（其中 n 为样本容量），且与 X 的维数无关. 马氏链取样将产生一连串的互相依赖的值 $x^{(0)},x^{(1)},\cdots,x^{(m)},x^{(m+1)},\cdots,x^{(m+n)}$，这种情况下，倘若丢弃链的最初的部分，即没有达到平稳分布的部 $x^{(0)},x^{(1)},\cdots,x^{(m)}$，从式

$$I_N = \frac{1}{N}\sum_{i=m+1}^{m+N} f(x^{(i)})$$

得到的 I_N 仍是 I 的无偏估计(遍历性),然而这个估计的方差却不能由式

$$\frac{1}{N(N-1)}\sum_{i=m+1}^{m+N}[f(x^{(i)}) - I_N]^2$$

给定.一般真正的方差将会很大,当然也可能很小.这个问题已被许多人讨论.

分组是一种简单有效的获得 I_N 的方差估计的方法.把 N 个样本点分成若干组,计算每组的均值再平均来估计 I,再由每组的均值所得的数据值计算估计的方差.这里分组的个数至关重要,太多或太少都会出问题,有关此方面的问题可参阅相关文献.

10.3　MCMC 算法的应用举例

10.3.1　贝叶斯推断中的积分问题

贝叶斯方法的推广应用一直受到边缘后验分布密度函数计算困难的阻碍.随着近年来 MCMC 算法的研究发展,由于它能直接对一个复杂的高维分布抽取样本,后验分布计算技术面临的问题得到了有效解决.因为 MCMC 算法在处理复杂统计问题上的优势,所以其在具有高维积分运算的贝叶斯统计推断领域得到了广泛应用.进行合理设定后,MCMC 算法能够通过得到收敛的马尔可夫链,将高维转化为低维,且不要求模型似然函数与参数的先验分布有共轭结构.因此,对于 MCMC 抽样算法的研究是目前贝叶斯统计推断理论研究中的重要问题之一.

下面介绍贝叶斯方法的实现过程,如图 10.1 所示.

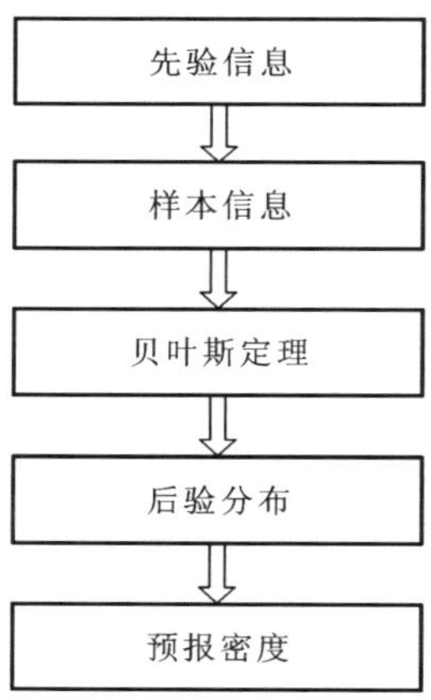

图 10.1　贝叶斯方法的实现过程

贝叶斯推断中的许多问题都涉及一些后验量的计算,如后验均值、后验方差等的计算,且多属于高维积分计算,因此,贝叶斯统计是 MCMC 算法的应用主要领域.

从贝叶斯的观点看,模型中的观测变量和参数都是随机变量.因此,样本 $x = (x_1, x_2, \cdots, x_k)$ 和参数 θ 的联合分布可以表示为

$$f(x,\theta) = f_{X|\theta}(x)\pi(\theta).$$

根据贝叶斯定理，可以通过样本 $x=(x_1,x_2,\cdots,x_n)$ 的信息对 θ 的分布进行更新：

$$f_{\theta|X}(\theta \mid x)=\frac{f_{X|\theta}(x)\pi(\theta)}{\int f_{X|\theta}(x)\pi(\theta)\mathrm{d}\theta},$$

则在后验分布下，$g(\theta)$ 的期望为

$$Eg(\theta \mid x)=\int g(\theta)f_{\theta|X}(\theta \mid x)\mathrm{d}\theta=\frac{\int g(\theta)f_{X|\theta}(x)\pi(\theta)\mathrm{d}\theta}{\int f_{X|\theta}(x)\pi(\theta)\mathrm{d}\theta}.$$

此积分值为样本的函数，因此可以对 $g(\theta)$ 进行推断.

对此类问题我们考虑一般形式：

$$Eg(X)=\frac{\int g(x)\pi(x)\mathrm{d}x}{\int \pi(x)\mathrm{d}x}.$$

其中，$\pi(.)$ 为一个密度或者似然，当 π 为一密度时，则此即常见的期望的定义；若 π 为一似然，则需要一个正则化常数才可以成为密度. 在贝叶斯分析中，$\pi(.)$ 为一后验密度. 当 $\pi(.)$ 的正则化常数未知或很难计算时，此积分仍可以计算(因为积分中分子分母中的正则化常数抵消了). 在很多具体问题中此积分根本没有显式表示，数值方法也很难计算，特别是高维时更是如此. 这时 MCMC 算法对此类积分提供了一个很好的计算方法.

例 10.1　Gelfand 和 Smith 考虑如下的试验，有 5 个可能的结果，其出现的概率分别为

$$\frac{\theta}{4}+\frac{1}{8},\frac{\theta}{4},\frac{\eta}{4},\frac{\eta}{4}+\frac{3}{8},\frac{1}{2}(1-\theta-\eta),$$

它含有两个未知参数 θ 和 η，且都介于 0 和 1 之间. 现有 22 次试验的结果观测值为 $y=(y_1,y_2,y_3,y_4,y_5)=(14,1,1,1,5)$，其中 $y_i(i=1,2,3,4,5)$ 表示第 i 个结果的次数，它们将 y_1,y_4 各分解为两部分，即 $Y_1=Z_1+(Y_1-Z_1),Y_4=Z_2+(Y_4-Z_2)$，使得

$$(Z_1,Y_1-Z_1,Y_2,Y_3,Z_2,Y_4-Z_2,Y_5)\sim M_7\left[22;\frac{\theta}{4},\frac{1}{8},\frac{\theta}{4},\frac{\eta}{4},\frac{\eta}{4},\frac{3}{8},\frac{1}{2}(1-\theta-\eta)\right],$$

其中 M 表示多项分布，Z_1,Z_2 是不可观测的，取 (θ,η) 的先验分布为平坦分布，即 $\pi(\theta,\eta)\propto 1$，$\pi_y(\theta,\eta,z_1,z_2)$ 为给定 y 时 (θ,η,z_1,z_2) 的条件分布. 现在平方损失下，计算参数 θ 的贝叶斯估计，即计算如下积分

$$\hat{\theta}=\int \theta\pi_y(\theta,\eta,z_1,z_2)\mathrm{d}\theta\mathrm{d}\eta\mathrm{d}v_{z_1}\mathrm{d}v_{z_2}.$$

其中，$\pi_y(\theta,\eta,z_1,z_2)\propto\left(\frac{\theta}{4}\right)^{z_1+y_1}\left(\frac{1}{8}\right)^{y_1-z_1}\left(\frac{\eta}{4}\right)^{z_2+y_3}\left(\frac{3}{8}\right)^{y_4-z_2}\left(\frac{1-\theta-\eta}{2}\right)^{y_5}.$

解　它们的联合密度很复杂，但条件密度很简单. Gibbs 方法的优点是可以通过计算几个简单的单变量条件随机变量得到符合这个多元分布的随机数. 利用概率统计知识，可得

$$\pi_y(\theta \mid \eta,z_1,z_2)=(1-\eta)\mathrm{Beta}(z_1+y_2+1,y_5+1),$$
$$\pi_y(\eta \mid \theta,z_1,z_2)=(1-\theta)\mathrm{Beta}(z_2+y_3+1,y_5+1),$$
$$\pi_y(z_1 \mid \theta,\eta,z_2)=\mathrm{B}\left(y_1,\frac{2\theta}{2\theta+1}\right),$$

$$\pi_y(z_2 \mid \theta,\eta,z_1) = \mathrm{B}\left(y_4,\frac{2\eta}{2\eta+1}\right).$$

给定初始点$(\theta^{(0)},\eta^{(0)},z_1^{(0)},z_2^{(0)})$，假定在第 t 次迭代开始时，已有第 $t-1$ 步的值$(\theta^{(t-1)},\eta^{(t-1)},z_1^{(t-1)},z_2^{(t-1)})$，则第 t 次迭代如下实现：

(1) 从 $\pi_y(\theta \mid \eta^{(t-1)},z_1^{(t-1)},z_2^{(t-1)}) = (1-\eta^{(t-1)})\mathrm{Beta}(z_1^{(t-1)}+y_2+1,y_5+1)$ 中抽取 $\theta^{(t)}$；

(2) 从 $\pi_y(\eta \mid \theta^{(t)},z_1^{(t-1)},z_2^{(t-1)}) = (1-\theta^{(t)})\mathrm{Beta}(z_2^{(t-1)}+y_3+1,y_5+1)$ 中抽取 $\eta^{(t)}$；

(3) 从 $\pi_y(z_1 \mid \theta^{(t)},\eta^{(t)},z_2^{(t-1)}) = \mathrm{B}\left(y_1,\frac{2\theta^{(t)}}{2\theta^{(t)}+1}\right)$中抽取 $z_1^{(t)}$；

(4) 从 $\pi_y(z_2 \mid \theta^{(t)},\eta^{(t)},z_1^{(t)}) = \mathrm{B}\left(y_4,\frac{2\eta^{(t)}}{2\eta^{(t)}+1}\right)$中抽取 $z_2^{(t)}$.

迭代得到马尔可夫链的实现值$(\theta^{(t)},\eta^{(t)},z_1^{(t)},z_2^{(t)})(t \geqslant 1)$. 取 $m=5000$，$n=5050$，计算

$$\hat{\theta}_{mn} = \frac{1}{n-m}\sum_{t=m+1}^{n}\theta^{(t)}.$$

MATLAB 程序如下：

```
function mcmc
D=4;  %维数
B=5000;  %B 为迭代次数
error=0.04;  %偏差
d=100;  %分段长度
y1=14;y2=1;y3=1;y4=1;y5=5;
%赋参数初值
theta=1/4;eta=1/4;z1=5;z2=1/3;
par=zeros(B,D);  %存放各次迭代值
parestimean=zeros(1,D);  %存放各次迭代平均值
parestistd=zeros(1,D);  %存放各次迭代平均值的标准差
for k=1:B
    theta=(1-eta)*betarnd(z1+y2+1,y5+1);
    eta=(1-theta)*betarnd(z2+y3+1,y5+1);
    z1=binornd(y1,2*theta/(2*theta+1));
    z2=binornd(y4,2*eta/(2*eta+3));
    par(k,:)=[theta eta z1 z2];
end
L=1:d:B;
q=length(L);
for l=1:q
    groupestimean(l)=mean(par((l-1)*d+1:l*d,1));
                                              %计算分组参数估计值
    groupestistd(l)=std(par((l-1)*d+1:l*d,1));
                                         %计算分组参数估计值的标准差
end
```

```
groupestimean;
%分组 theta 均值估计偏差绝对值小于指定误差百分比
sum(abs(diff(groupestimean))< error)/(q-1)
parestimean=mean(par(4000:B,:))   %计算参数估计值
parestistd=std(par(4000:B,:))   %计算参数估计值的标准差
%作图直观判断参数随机过程的平稳性
subplot(2,2,1);
plot(1:B,par(:,1),'-.+r');title('theta 的 Gibbs 抽样迭代过程');
subplot(2,2,2);
plot(1:B,par(:,2),'.g');title('eta 的 Gibbs 抽样迭代过程');
subplot(2,2,3);
plot(1:B,par(:,3),'-b');title('Z1 的 Gibbs 抽样迭代过程');
subplot(2,2,4);
plot(1:B,par(:,4),'-.y');title('Z2 的 Gibbs 抽样迭代过程');
```

运行此程序，可以发现参数随机过程逐渐趋于平稳，过程持续下去，可得到一个足够长的链. 各链的最初的一些值可能依赖于初始值的选择，但随着链的长度增加，这种依赖性逐渐消失(见图 10.2). 去掉前面的一段后，用后面产生的过程进行统计计算可得下列估计

$$E(\theta \mid y) = 0.5213, \quad \text{std}(\theta \mid y) = 0.1339.$$

注意　这里我们对收敛性，蒙特卡罗容量的选择及蒙特卡罗方法造成的估计误差等均没有涉及，详细内容可参考一些资料.

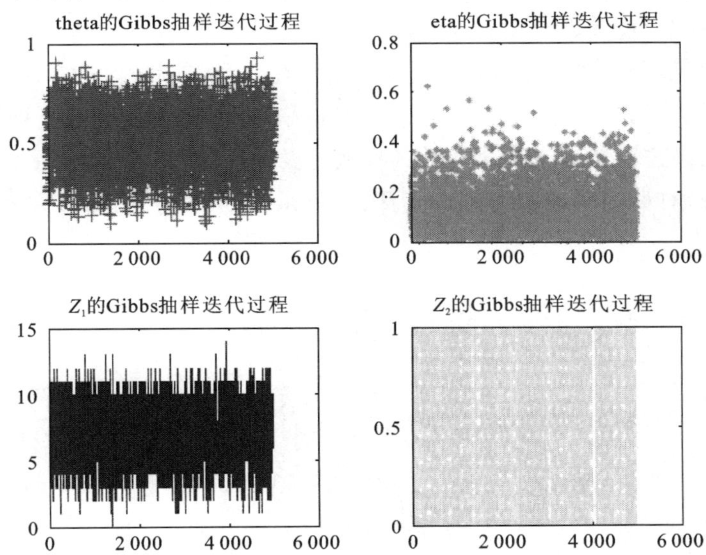

图 10.2　各参数迭代随机过程

大量例子说明,MCMC 算法在贝叶斯理论研究中有重要的应用. 例如,贝叶斯理论作为可靠性评估等理论的重要方法,数控系统寿命试验数据往往服从 Weibull 分布,导致后验分布出现数值大、高维复杂的情况,贝叶斯计算依靠的数值积分方法难以实施. 根据 MCMC 算法思想,建立后验平稳分布的马尔可夫链,对分布参数的贝叶斯估计进行求解,解决了数值积分问题,保证可靠性评估的有效实施.

一般来说,不论用哪一种 MCMC 算法来估计模型参数,大致上总可分作两个阶段,先是利用有关的后验分布产生随机数,从而生成马尔可夫链;随后再由生成的马尔可夫链反复产生所需的随机样本,由于大样本提供的信息相对来说信度较高,这就容许我们可以采用初等的方法对模型参数作出估计,因而避免了复杂的计算. MCMC 算法使得贝叶斯方法中许多看起来很困难的计算变得简单直观.

10.3.2 有关 MCMC 算法的一些说明

WinBUGS是由英国剑桥大学公共卫生研究所开发的用MCMC算法进行贝叶斯推断的专用软件包. WinBUGS 软件可在网上免费下载. 使用 WinBUGS 可以很方便地对许多常用的模型和分布进行 Gibbs 抽样,变成不需要知道参数的先验密度或似然函数的精确表达式,只要设置好变量的先验分布并对所研究的模型进行一般性描述,就能很容易实现模型的贝叶斯分析,而不需要复杂的编程. 在 WinBUGS 中可以使用有向图形方式(directed graphical model) 对模型进行直观的描述,也可以直接编写模型程序,并给出参数的 Gibbs 抽样的动态图,用 Smoothing 方法得到的后验分布的核密度估计图、抽样值自相关图及均值和置信区间的变化图等,使抽样结果更直观、可靠. Gibbs 抽样收敛后,可以得到参数的后验分布的平均值、标准差、95% 置信区间和中位数等信息.

MCMC 算法的优点如下:

(1) 适用于广泛且困难的积分问题;由于后验分布 π 被模拟构造出来,后验分布的各种统计推断都可从简单分布中抽样进行. 基于抽样所得分布参数样本,各种特征量的求解都可以有效实施,不再受数值积分的限制,提高了模型计算的稳定性、可操作性与适应性.

(2) 问题维数的增加通常不会降低其收敛速度或者使其更加复杂.

(3) Gibbs 抽样是个具有吸引力的方法,当然是在条件分布能有效地抽样的情况下才有效.

习 题 10

10.1 设 X_1, X_2 的联合密度函数为 $\pi(x_1, x_2) \propto \exp\{-\frac{1}{2}(1-x_1)^2(1-x_2)^2\}$,试用 Gibbs 抽样方法产生以 $\pi(x_1, x_2)$ 为平稳分布的马氏链,并计算数学期望 $E(X_1, X_2)$.

10.2 设 $Y = (y_1, y_2, \cdots, y_n)$ 是来自正态总体 $N(\mu, \tau^{-1})$ 的样本,并设 (μ, τ) 的先验分布分别为 $\mu \sim N(0,1)$, $\tau \sim Ga(2,1)$,且 μ 与 τ 相互独立. 试写出 Y, μ, τ 的联合密度函数 $p(Y, \mu, \tau)$、后验分布 $\pi(\mu, \tau \mid Y)$ 及满条件分布 $\pi(\mu \mid \tau, Y)$, $\pi(\tau \mid \mu, Y)$.

10.3 (Gibbs 抽样法) 抽取二元随机样本(X,Y)，其分布的密度数为

$$\pi(x,y) = C\frac{n!}{x!(n-x)!}y^{x+\alpha-1}(1-y)^{n-x+\beta-1}\quad (x=0,1,\cdots,n;0\leqslant y\leqslant 1),$$

其中 α 和 β 为正数，常数 C 保证 $\pi(x,y)$ 为密度函数，可以证明：

$$X\mid Y \sim \text{Binomial}(n,Y),\quad Y\mid X\sim \text{beta}(X+\alpha,n-X+\beta).$$

应用 Gibbs 抽样法，得到满足条件的容量为 500 的一个样本.

第 11 章　模拟退火算法

在优化问题的求解中有很多算法，有些算法对目标函数的分析性质要求较高，比如牛顿-拉夫森算法就要求目标函数可导，当目标函数不可导或存在的导数表达式十分复杂，这些算法则难以使用. 还有些算法虽对目标函数的性质要求不高，但往往易于收敛到局部最优解而使算法效果不够理想. 模拟退火算法(Simulated Annealing，SA) 在这些方面表现出了优良性.

模拟退火算法是材料统计力学的研究成果，来源于固体退火原理. 该算法最早的思想是基于 N Metropolis 等人于 1953 年提出的重要采样法. 1983 年，S Kirkpatrick 等成功地将退火思想引入到组合优化领域. 作为一种基于 Monte-Carlo(蒙特卡罗) 迭代求解策略的随机算法，模拟退火算法出发点是基于物理中固体物质的退火过程与一般组合优化问题之间的相似性，先从某一较高初始温度参数出发，伴随温度参数的不断下降，结合概率突跳特性在解空间中随机寻找目标函数的全局最优解，即在局部最优解时能以一定的概率跳出小范围并最终趋于全局最优解，利用马氏链理论可证明模拟退火算法求得的解具有概率 1 全局优良性. 目前该算法已在工程实践中得到了广泛应用，比如控制工程、机器学习、神经网络、信号处理等领域.

11.1　模拟退火算法基本原理

11.1.1　统计物理思想

由物理学知识知道，材料中分子的不同结构对应于分子的不同能量水平. 在温度 T 条件下，分子停留在状态 r 满足 Boltzmann(波尔兹曼) 概率分布

$$P\{E = E_r\} = \frac{1}{Z(T)}\exp\left(-\frac{E_r}{k_B T}\right), \tag{11.1}$$

其中，E 表示温度 T 时某分子的能量，是一个随机变量；E_r 表示处于状态 r 时分子的能量；$k_B > 0$ 表示 Boltzmann 常数；$Z(T)$ 为概率分布的标准化因子：$Z(T) = \sum_{s\in D}\exp\left(-\frac{E_s}{k_B T}\right)$，$D$ 表示分子的所有状态的集合，下文 $|D|$ 表示状态集合的元素个数. 在高温条件下，分子的能量较高，可以自由运动和重新排列；在低温条件下，分子的能量较低，则其相对稳定. 在同一个温度 T 下，任意选定两个能量 $E_1 < E_2$，有

$$P\{E = E_1\} - P\{E = E_2\} = \frac{1}{Z(T)}\exp\left(-\frac{E_1}{k_B T}\right)\left[1 - \exp\left(-\frac{E_2 - E_1}{k_B T}\right)\right]. \tag{11.2}$$

可见，在同一温度下，物体分子以大概率处于低能量状态，且能级差越大，概率差也越大，分子更倾向于处在低能级的稳定状态，这种差异高温时没有低温时大，越是低温差异越明显.

固体退火时，先将固体加温至充分高，再让其徐徐冷却. 加温时，固体内部粒子随温度上升变为无序状态，内能增大；而固体徐徐冷却时内部粒子渐趋有序，粒子可以在每个温度都达到平衡态(热平衡)，最后在常温时达到基态，分子内能减为最小，当系统完全被冷却时，物质形成处于低能状态的晶体. 物理系统倾向处于能级较低的状态，而分子热运动又妨碍它准确落入最低能级状态，采样时着重取那些有重要贡献的状态，则可以较快地达到较好的结果.

11.1.2　米特罗波利斯准则

米特罗波利斯(Metropolis) 准则是模拟退火算法收敛于全局最优解的关键所在，该准则是以一定的概率接受恶化解，这样就可以有效解决局部最优解问题.

Metropolis 准则：设在温度 T 时，粒子的初始状态为 i，能量为 E_i，随机选取由于某个粒子位移产生的微小变化得到另一不同状态 j，能量为 E_j. 若 $E_i > E_j$，则接受状态 j 为新状态；若 $E_i < E_j$，则令 $r = \exp\left(-\frac{E_j - E_i}{k_B T}\right)$，随机产生服从均匀分布的 $\xi \in [0,1]$，当 $r > \xi$ 时，则接受状态 j 为新状态，否则拒绝状态 j.

根据 Metropolis 准则，粒子在温度 T 时趋于平衡的概率为 $\exp(-\frac{\Delta E}{k_B T})$，其中 E 为温度 T 时粒子的内能，ΔE 为其内能改变量，k_B 为玻尔兹曼常数.

当温度较高时，可接受与当前能差较大的状态为新状态，而在温度较低时就只能接受与当前能差较小的状态为新状态，当温度趋于 0 时，就不能接受 $E_i < E_j$ 的新状态 j 了.

如此反复下去，使达到系统在此温度下的热平衡，这个过程就称作 Metropolis 抽样过程. 简言之，Metropolis 抽样过程就是在一个确定温度下，使系统达到热平衡的过程.

显然

$$\lim_{T\to\infty} P\{E = E_j\} = \lim_{T\to\infty} \frac{1}{Z(T)} \exp\left(-\frac{E_j}{k_B T}\right) = \frac{1}{|D|},\ \forall j \in D. \tag{11.3}$$

这表明在高温下粒子处于所有状态具有几乎相同的概率. 而当温度下降趋于零时，

$$\begin{aligned}\lim_{T\to 0} \frac{\exp\left(-\frac{E_j - E_{\min}}{k_B T}\right)}{\sum\limits_{s\in D} \exp\left(-\frac{E_s - E_{\min}}{k_B T}\right)} &= \lim_{T\to 0} \frac{\exp\left(-\frac{E_j - E_{\min}}{k_B T}\right)}{\sum\limits_{s\in D_{\min}} \exp\left(-\frac{E_s - E_{\min}}{k_B T}\right) + \sum\limits_{s\notin D_{\min}} \exp\left(-\frac{E_s - E_{\min}}{k_B T}\right)} \\ &= \lim_{T\to 0} \frac{\exp\left(-\frac{E_j - E_{\min}}{k_B T}\right)}{\sum\limits_{s\in D_{\min}} \exp\left(-\frac{E_s - E_{\min}}{k_B T}\right)} = \begin{cases} \frac{1}{|D_{\min}|}, & j \in D_{\min}; \\ 0, & j \notin D_{\min}. \end{cases}\end{aligned} \tag{11.4}$$

其中，$D_{\min}$ 表示具有最低能级的状态集合. 所以当温度 T 缓慢地降为 0 时，有

$$P_i = P\{E = E_i\} = \begin{cases} \frac{1}{|D_{\min}|}, & i \in D_{\min}; \\ 0, & i \notin D_{\min}. \end{cases}$$

且有 $\sum_{i\in D_{\min}} P_i = 1$. 说明当温度下降十分缓慢，而且在每个温度都有足够多次的状态转移，使之在每一个温度下达到热平衡，则全局最优解将以概率 1 被找到. 因此在概率 1 的意义下模拟退火算法可以找到全局最优解.

11.2　模拟退火算法求解步骤

11.2.1　基本步骤与算法流程

用固体退火模拟函数优化问题，将内能 E 演化为目标函数值 $f(x)$，x 为函数的自变量，将其类比为分子的状态，温度 T 演化成控制参数 t，即可得到解优化问题的模拟退火算法. 由初始解 x 和控制参数初值 t 开始，对当前解重复“产生新解 → 计算目标函数差 → 接受或舍弃”的迭代，并逐步衰减控制参数 t 值，制定相应的迭代停止规则. 当新解被确定接受时，用新解代替当前解，这只需将当前解中对应于产生新解时的变换部分予以实现，同时对目标函数值进行修正，当前解就实现了一次迭代. 可在迭代所得新解基础上开始下一轮试验；而当新解被判定为舍弃时，则仍在当前解的基础上继续下一轮试验. 当算法终止时，当前解即为所得近似最优解，这是基于蒙特卡罗迭代求解法的一种启发式随机搜索过程. 退火过程由冷却进度表控制，冷却进度表主要包括控制参数的初值 t 及其衰减因子 Δt、每个 t 值时的迭代次数 N 和停止条件 C.

模拟退火算法的基本步骤如下：

(1) 随机给定初始状态，设定合理的退火策略(选择各参数值，初始温度 t、降温规律等).

(2) 令 $x' = x + \Delta x$(Δx 为小的均匀分布的随机扰动)，计算 $\Delta f = f(x') - f(x)$.

(3) 若 $\Delta f < 0$，则接受 x' 为新的状态，否则以概率 $P = \exp\left(-\dfrac{\Delta f}{t}\right)$ 接受 x'. 具体做法是产生 0 到 1 之间的随机数 ξ，若 $P > \xi$ 则接受 x'；否则拒绝 x'，系统仍停留在状态 x.

(4) 重复步骤(2)、(3) 直到系统达到平衡状态.

(5) 按第(1) 步中给定的规律降温，在新的温度下重新执行(2) ～ (4) 步，直到 t 趋于 0 或者达到某一预定低温. 图 11.1 是模拟退火算法的流程图.

由以上步骤可以看出，$\Delta f > 0$ 时仍然有一定的概率(t 越大概率越大地) 接受 x'，因而可以跳出局部极小点. 理论上说，温度 t 的下降应该不快于：

$$t(i) = \frac{t(0)}{1 + \ln(i)}\ (i = 1,2,\cdots),$$

其中 $t(0)$ 为起始高温，i 为测量温度的次数. 常用的经验公式是 $t(i) = \beta t(i-1)$，其中 $0.85 \leqslant \beta \leqslant 0.98$.

在模拟退火的迭代过程中，温度的递减变化构成了模拟退火算法的外循环. 温度阈值的确定，与实际问题有关，可通过用连续若干步算法搜索到的最优解保持不变就停止运算，或根据温度差设定温度的变化次数.

对每一固定温度下，迭代产生新解的过程构成了模拟退火算法的内循环. 算法先计算解的变化直至达到平稳，然后下降温度，这种算法称为时齐算法；若无需各温度下解的变

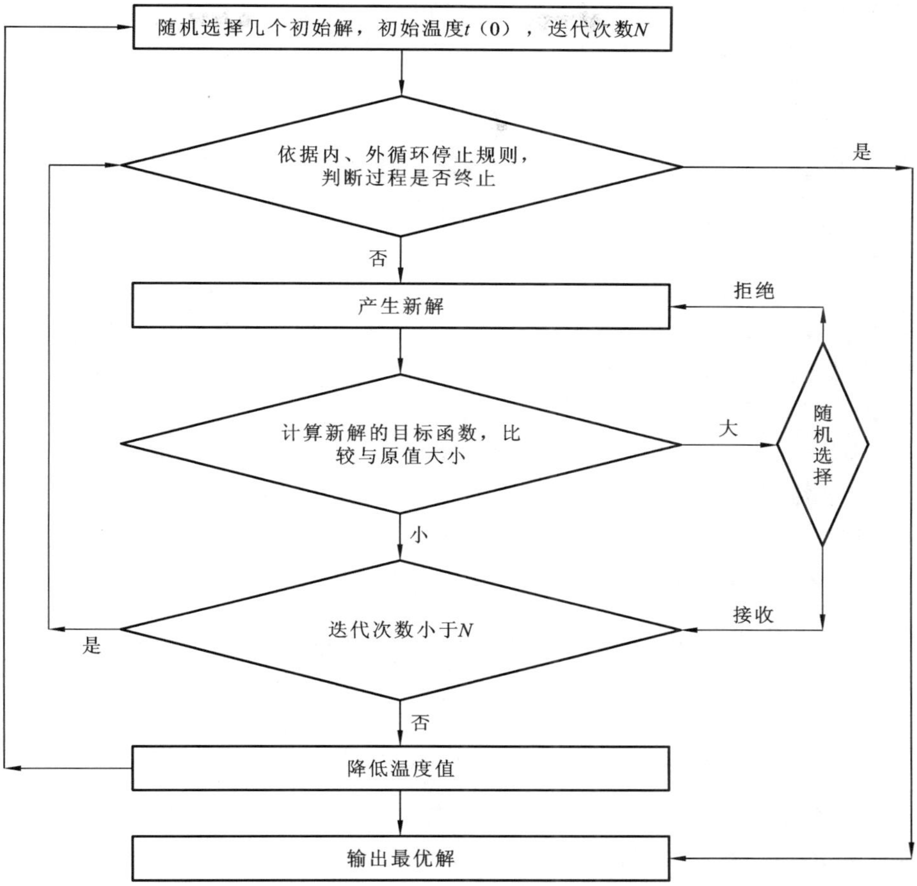

图 11.1　模拟退火算法的流程图

化均达到平稳，但温度需按一定速率下降，则称为非时齐算法. 时齐算法中常用的 Metropolis 抽样稳定判断准则主要有：检查目标函数的均值是否稳定，或连续若干步的函数值变化较小，或直接指定抽样步数.

内循环的第一步是由产生函数从当前解产生一个位于解空间的新解. 为便于后续的计算，减少算法耗时，通常选择由当前新解经过简单地变换即可产生新解的方法，如对构成新解的全部或部分元素进行置换、互换等，注意到产生新解的变换方法决定了当前新解的邻域结构，因而对冷却进度表的选取有一定的影响. 在新解构造中，产生的新解应遍布全部解空间，可以在当前解的邻域结构内以一定的概率方式（如均匀分布、正态分布）产生.

内循环的第二步是计算与新解所对应的目标函数差. 因为目标函数差仅由变换部分产生，所以目标函数差的计算最好按增量计算. 事实表明，对大多数应用而言，这是计算目标函数差的最快方法.

在模拟退火算法中，初期可取控制参数 t 为较大的值，这样以较大的概率接受劣解，可以增强算法的探索能力. 随着温度逐渐降低，劣解被接受的概率逐渐降低，以便于算法进行局部精细地搜索. 当然，在固定温度下，接受使目标函数下降的候选解的概率要大于使目标函数上升的候选解概率;随温度的下降,接受使目标函数上升的解的概率要逐渐减小;而当温度趋于零时,就只能接受使目标函数下降的解了.

11.2.2 算法特点

模拟退火算法有许多优点.首先,与传统算法相比,对目标函数的分析性质要求不高,不需要可导、高阶可导等光滑性的要求;一定程度上克服了对初始值的依赖性,求得的最终解与初始解的选取无关;擅长多维问题求解,适合更加复杂的多元函数优化问题;具有渐近收敛性,算法以随机性的状态更新方式,特别是以一定的概率接受劣解,以便算法跳离局部极值的束缚,往往能取得较好的全局最优性能,理论上已证明与模拟退火算法相伴的Markov链为强遍历的,只要初温高,退火表适当,模拟退火算法是以概率1收敛于全局最优解的优化算法.

当然,模拟退火算法也有缺点.由于要求较高的初始温度、较慢的降温速率、较低的终止温度,以及各温度下足够多次的抽样,因此优化过程较长.模拟退火算法一般在需要求全局最优解的情况下使用,计算时间长,规模大,难度较高,当其他一些优化算法难以凑效时模拟退火算法是一种选择.

11.3 模拟退火算法应用

例 11.1 求 Schaffer 函数 $f(x,y)=\dfrac{1}{2}+\dfrac{\sin^2\sqrt{x^2+y^2}-0.5}{[1+0.001\times(x^2+y^2)]^2}$ 的最小值点.

模拟退火算法适应于解决复杂的、困难的优化问题.本例目标函数虽有明确的解析表达式,却高度非线性,模拟退火算法可以十分有效的解决此问题.

(1) 先作出该函数的图像.

```
clear all;close all;  %Schaffer 函数的图像
x=-10:0.1:10;
y=-10:0.1:10;
[X,Y]=meshgrid(x,y);
Z=0.5+(sin(sqrt(X.^2+Y.^2)).^2-0.5)./((1+0.001.*(X.^2+Y.^2)).^2);
mesh(X,Y,Z)
```

(2) 创建 schaffer 函数 m 文件,并保存为文件 schaffer.m .

```
function z=schaffer(x,y)
z=0.5+(sin(sqrt(X^2+Y^2))^2-0.5)/((1+0.001*(X^2+Y^2))^2);
```

(3) MATLAB 程序如下:

```
%搜索的最大区间
XMIN=-10;XMAX=10;
YMIN=-10;YMAX=10;
Seed=1
MarkovLength=300;  %内循环次数
```

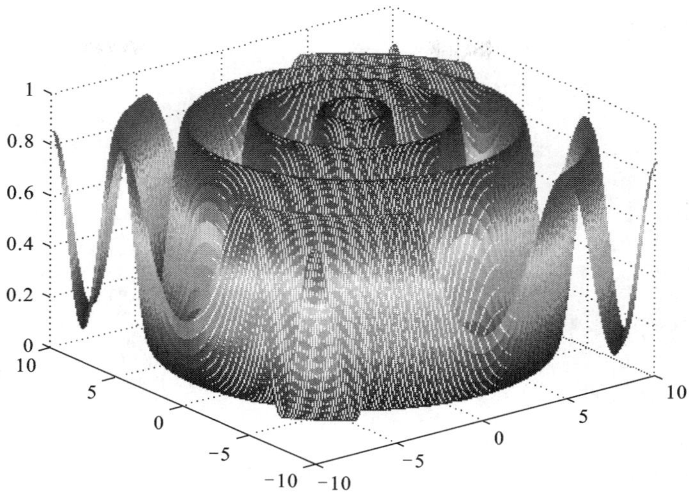

图 11.2　函数 Schaffer 的图像

```
Tolerance=1e-8;  %外循环终止条件
StepFactor=0.02;  %步长因子
Temperature=500;  %初始温度
%随机选点 初值设定
PreX=XMIN+(XMAX-XMIN)*rand();
PreY=YMIN+(YMAX-YMIN)*rand();
while Temperature >Tolerance   %停止迭代温度
%在当前温度 T 下迭代 MarkovLength 次
for i=1:MarkovLength
%在此点附近随机选下一点
while 1==1
NextX=PreX+XMAX*(rand-0.5);
NextY=PreY+YMAX*(rand-0.5);
%判定 NextX 和 NextY 是否在区间内
if (NextX>=XMIN &&NextX<=XMAX &&NextY>=YMIN &&NextY<=YMAX)
break;
end
end
energy=schaffer(NextX,NextY)-schaffer(PreX,PreY);
if energy< 0
%将初解更新
PreX=NextX;
PreY=NextY;
```

```
else
%以一定的概率接受新解
if exp(-energy/Temperature)>rand()
PreX=NextX;
PreY=NextY;
end
end
end
    Temperature=0.95*Temperature;
end
disp('最小值:')
min=schaffer(PreX,PreY)
PreX
PreY
```

(4) 运行结果:

```
最小值:
min=
  3.1514e-004
PreX=
   -0.0075
PreY=
   -0.0161
```

例 11.2(纵向数据参数模型的模拟数据分析)　纵向数据指对一组个体按时间顺序或空间顺序追踪重复测得的数据. 对每一个单一个体在不同时间或者不同试验条件下多次测量,所得数据具有时间序列和截面数据的特点,在经济学中也称"面板数据". 这种测量数据的特点是所研究的反应变量的观察值随时间变化,相关的协变量也可能随时间变化,同一个体的不同观测往往具有相关性,具有如此特点的数据在实际观测和科学研究中经常遇到.

下面先介绍一下纵向数据参数模型. 参数模型定义为

$$y_{ij} = x_{ij}^{\mathrm{T}}\beta + \varepsilon_{ij} \quad (i = 1,\cdots,n; j = 1,\cdots,n_i),$$

其中,y_{ij},x_{ij} 分别为个体 i 在第 j 次观测的因变量的观测值及相应的自变量的观测值;β 为未知参数;ε_{ij} 为扰动项. 由于同一个体的不同观测具有相关性,这种相关性的研究正是纵向数据研究与截面数据研究的区别所在. 为简单起见,设 $\varepsilon_i = (\varepsilon_{i1},\varepsilon_{i2},\cdots,\varepsilon_{in_i})^{\mathrm{T}}$,$\varepsilon_i \sim N(0,\Sigma_i)$,协差阵 Σ_i 正是反映了同一个体不同观测间的相关关系. 这里我们只考虑平衡设计,即每一个体的观测次数均相同,并且协差阵具有形式 $\Sigma = \sigma^2 R$,R 具有如下特定结构:

$$R = \begin{bmatrix} 1 & \rho & \cdots & \rho^{k-1} \\ \rho & 1 & \cdots & \rho^{k-2} \\ \vdots & \vdots & & \vdots \\ \rho^{k-1} & \rho^{k-2} & \cdots & 1 \end{bmatrix},$$

模型中未知参数有 β,σ^2,ρ 需要通过模拟样本估计.

随机样本的生成:设 $X_1\sim N(0,1),X_2\sim B(1,\frac{1}{2}),X_3\sim U(0,1)$,取 $\beta=(\beta_1,\beta_2,\beta_3)^{\mathrm{T}}=(1,2,1)^{\mathrm{T}},\sigma^2=1,\rho=0.8,k=10$. 利用 MATLAB 编程生成 1000 个随机样品.

可以根据最小二乘估计或者极大似然估计等方法将未知参数 $\beta=(\beta_1,\beta_2,\beta_3)^{\mathrm{T}},\rho$ 估计出来,这里为简单计,$\sigma^2=1$ 作为常数. 目标函数为

$$Q(\beta,\rho)=\sum_{i=1}^{1000}(Y_i-X_i^{\mathrm{T}}\beta)R^{-1}(Y_i-X_i^{\mathrm{T}}\beta),$$

这里,$Y_i=(y_{i1},y_{i2},\cdots,y_{i10})^{\mathrm{T}},X_i=(x_{i1},x_{i2},\cdots,x_{i10}),x_{ij}=(x_{i1},x_{i2},x_{i3})^{\mathrm{T}},j=1,2,\cdots,10,i=1,2,\cdots,1000$.

编写计算程序(包括产生随机样本)如下:

```
clc;clearall;close all;
%个体数
unitSum=1000;
%测量次数
measureSum=10;
%正太分布
NormalDistribution=normrnd(0,1,unitSum,measureSum);
%均匀分布
UniformDistribution=rand(unitSum,measureSum);
%两点分布
TwopointDistribution=binornd(1,1/2,unitSum,measureSum);

%产生协方差阵,这里取相关系数为
for i=1:1:measureSum
for j=1:1:measureSum
correlation(i,j)=0.8^abs(i-j);
end
end
%求协方差阵的平方根,取 sigma=1
sqrtcorrelation=correlation^(1/2);
%求每一个个体的每次测量的随机样本值
transposeM=sqrtcorrelation*normrnd(0,1,measureSum,unitSum);
M=transposeM';
%产生模拟数据,行表示个体数,列表示测量次数,其中 beta1=1,beta2=2,
beta3=1;
Y=1*NormalDistribution+2*UniformDistribution+1*Twopoint
Distribution+M;
%求相关系数 Gamma 的逆矩阵
```

```
syms Rou
for i=1:1:measureSum
for j=1:1:measureSum
Gamma(i,j)=Rou^abs(i-j);
end
end
IGamma=inv(Gamma);
%计算关于未知参数的函数表达式 Qbeta,
%求 Qbeta 关于 beta1,beta2,beta3,Rou 的函数
syms beta1 beta2 beta3 Rou
Qbeta=0;
beta=[beta1;beta2;beta3];
for i=1:unitSum
for j=1:measureSum
    DX=[NormalDistribution(i,j) UniformDistribution(i,j)
        TwopointDistribution(i,j)]*beta;
end
preQbeta=(Y(i,:)-DX)*IGamma*(Y(i,:)-DX)';
Qbeta=Qbeta+preQbeta;
end
%用模拟退火算法估计 beta,rou 的值,使得关于 beta1,beta2,beta3,Rou 的
表达式达到最小,预先给定一个 beta1,beta2,beta3,Rou 的初始解
beta1Min=0;beta1Max=5;
beta2Min=0;beta2Max=5;
beta3Min=0;beta3Max=5;
RouMin=-0.99;RouMax=0.99;
MarkovLength=10;  %马尔可夫链的长度
Tolerance=1e-8;  %外循环终止条件,温度达到一定的稳定值
StepFactor=0.02;  %步长因子
Temperature=1e+3;  %初始温度
PreBeta1=beta1Min+(beta1Max-beta1Min)*rand();
PreBeta2=beta2Min+(beta2Max-beta2Min)*rand();
PreBeta3=beta3Min+(beta3Max-beta3Min)*rand();
PreRou=0.1;
while Temperature >Tolerance   %停止迭代温度
%在当前温度 T 下迭代 MarkovLength 次
for i=1:MarkovLength
%在此点附近随机选下一点
while 1==1
```

```
            NextBeta1=PreBeta1+beta1Max*(rand-0.5);
            NextBeta2=PreBeta2+beta2Max*(rand-0.5);
            NextBeta3=PreBeta3+beta3Max*(rand-0.5);
NextRou=PreRou+RouMax*(rand-0.5);
%判定 NextX 和 NextY 是否在区间内
if (NextBeta1 >=beta1Min && NextBeta1 <=beta1Max && NextBeta2 >
=beta2Min && NextBeta2 < = beta2Max && NextBeta3 > = beta3Min &&
NextBeta3 <=beta3Max &&NextRou>=RouMin&&NextRou<=RouMax)
break;
end
end
energy
=subs(subs(subs(subs(Qbeta,beta1,NextBeta1),beta2,NextBeta2),
beta3,NextBeta3),Rou,NextRou)-subs(subs(subs(subs(Qbeta,
beta1,PreBeta1),beta2,PreBeta2),beta3,PreBeta3),Rou,PreRou);
if energy<0
            %将初解更新
            PreBeta1=NextBeta1;
            PreBeta2=NextBeta2;
            PreBeta3=NextBeta3;
PreRou=NextRou;
else
            %以一定的概率接受新解
ifexp(-energy/Temperature)>rand()
          PreBeta1=NextBeta1;
               PreBeta2=NextBeta2;
               PreBeta3=NextBeta3;
PreRou=NextRou;
end
end
end
   Temperature=0.95*Temperature;
end
disp('最小值点:');
PreBeta1
PreBeta2
PreBeta3
PreRou
```

11.4　模拟退火算法的改进

由上述应用程序测试结果可以看出初始温度、终止温度、温度变化率都会影响模拟退火算法的收敛概率. 当增加初始温度,降低终止温度,以及增大温度变化率时都会增加算法的收敛概率. 如果想要得到问题的最优解,可以增加初始温度,降低终止温度,以及增大温度变化率,当初始温度趋于无穷,终止温度趋于 0 时,肯定能以概率 1 得到全局最优解. 但是如果增加初始温度,降低终止温度,以及增大温度变化率都会增加程序迭代次数,也就会大量增加程序的执行时间,当我们需要得到最优解的时候,需要等待特别长的时间,这样就得不到想要的效果,而且要实现上述条件也是不现实的.

由于改变上述条件需要的时间代价都比较大,所以可以在算法的其他方面改进来加快算法的收敛速度. 可以在以下几个方面考虑改进算法:

(1) 设计合适的状态产生函数. 状态产生函数作用就是产生新解,如何产生新解直接关系到能否快速得到最优解,所以一个好的状态产生函数能够让我们很快得到最优解,这样也可以减少程序的执行时间.

(2) 避免状态的迂回搜索. 当产生新解时,由于是随机产生新解,所以可能现在得到的解以前就已经得到,而且这种情况可能经常发生,如果可以设计出一个能够有效地避免迂回搜索的算法,这样就可以节省很多运行时间,从而大大提升运行效率和收敛概率.

(3) 采用并行搜索结构. 将模拟退火算法和其他算法如遗传算法、蚁群算法等结合起来,充分利用两种算法的优点. 如遗传算法全局搜索能力较好,能够快速地将解空间的所有解找出来,但是它的局部搜索能力较差. 而模拟退火算法恰恰相反,局部搜索能力强,很容易陷入局部最优解. 如果把这两种算法有效结合起来,就能够提升算法的搜索效率.

(4) 在每个固定温度下,加大搜索次数,也就是加大马尔可夫链的链长,使在每个温度下都能达到此温度下的最优状态. 这样可以加大得到最优解的概率,但是可能需要以时间作为代价.

每一种算法被设计出来,必须经过多次改进才能逐渐发展完善,才能用来解决实际问题. 模拟退火算法解决实际问题的主要缺点还是收敛到最优解的速度太慢,所以需要不断改进算法. 利用上述一些方法就可以有效的提高算法效率,能够加快收敛到最优解的速度.

习　题　11

11.1　用模拟退火算法求下列二元函数

$$f(x,y) = (x^4 - 16x^2 + 5x)/2 + (y^4 - 16y^2 + 5y)/2$$

的最小值及相应的最小值点.

11.2　TSP(Traveling Salesman Problem) 即旅行商问题,又名货郎担问题,是一个非常典型的组合优化问题,它指给出若干个城市的坐标或者每两个城市之间的距离,要求旅行商以最短路径依次访问每个城市且只访问一次,最后返回原点,这是一个简单的路线问题,本问题在第 4、5 章曾经得到很好的解决. 假设有 30 个城市的坐标如表 11.1 所示.

表 11.1　30 个城市的坐标

城市序号	1	2	3	4	5	6	7	8	9	10
X 坐标	41	37	54	25	7	2	68	71	54	83
Y 坐标	94	84	67	62	64	99	58	44	62	69
城市序号	11	12	13	14	15	16	17	18	19	20
X 坐标	64	18	22	83	91	25	24	58	71	74
Y 坐标	60	54	60	46	38	38	42	69	71	78
城市序号	21	22	23	24	25	26	27	28	29	30
X 坐标	87	18	13	82	62	58	45	41	44	4
Y 坐标	76	40	40	7	32	35	21	26	35	50

根据以上对 TSP 问题的描述，可以画出用模拟退火算法解决 TSP 问题的算法流程图 11.3 如下.

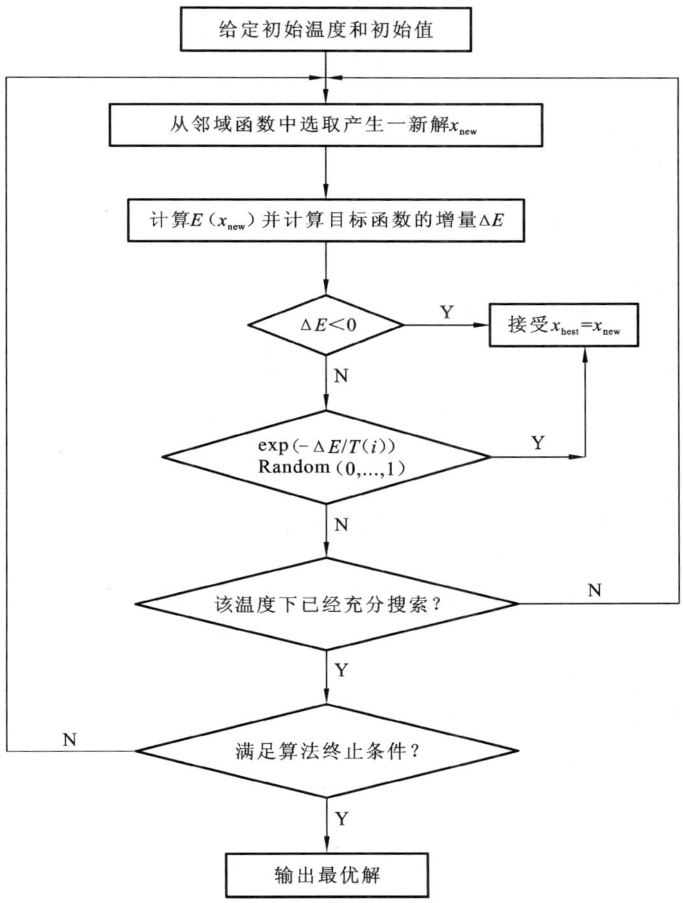

图 11.3　模拟退火算法解决 TSP 问题流程图

根据上述流程图，试编写完整的 MATLAB 程序，利用模拟退火算法解决 TSP 问题.

习 题 解 答

习题 1 解答

1.1　最小一乘 $h = 0.32d + 12.8$，最小二乘 $h = 0.4d + 9.23$.

1.2　$y = 0.06x - 4.33$. 当 $x = 300$ 时，$y = 13.67$.

1.3　略.

1.4　(1)

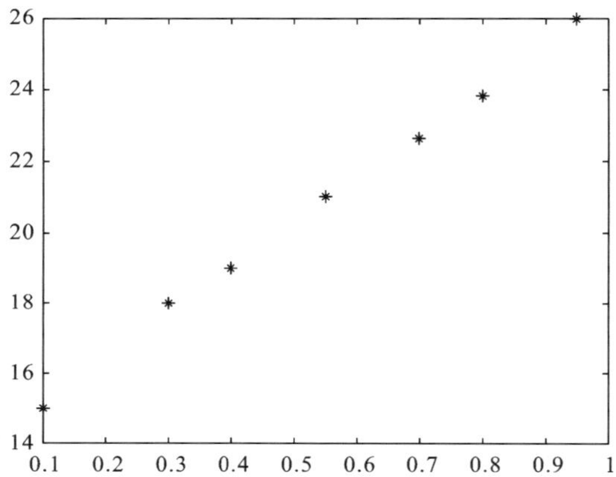

(2) $y = 14.125 + 12.5x$.

1.5　$y = 28.84 + 0.63x$.

习题 2 解答

2.1　4 个元素的集合. 若分为 1 个类，有 1 种分法；若分为 2 个类，有 $C_4^2/2 + C_4^1 = 7$ 种分法(每个类含 2 个元素，或者 1 个类含 1 个元素，另 1 个类含 3 个元素)；若分为 3 个类，有 $C_4^2 = 6$ 种分法(1 个类含 2 个元素，其余 1 个元素 1 个类)；若分为 4 个类，有 1 种分法，即每个元素 1 类. 综上所述，共有 15 种分法.

2.2　使用欧式距离计算样本间距离，谱系聚类法的计算过程如下：

$k=0$	$G_1^{(0)} = \{x_1\}$	$G_2^{(0)} = \{x_2\}$	$G_3^{(0)} = \{x_3\}$	$G_4^{(0)} = \{x_4\}$	$G_5^{(0)} = \{x_5\}$	$G_6^{(0)} = \{x_6\}$
$k=1$	$G_1^{(1)} = \{x_1, x_2\}$		$G_3^{(1)} = \{x_3\}$	$G_4^{(1)} = \{x_4\}$	$G_5^{(1)} = \{x_5\}$	$G_6^{(1)} = \{x_6\}$
$k=2$	$G_1^{(2)} = \{x_1, x_2\}$		$G_2^{(2)} = \{x_3\}$	$G_2^{(3)} = \{x_4\}$	$G_4^{(2)} = \{x_5, x_6\}$	
$k=3$	$G_1^{(3)} = \{x_1, x_2, x_4\}$		$G_2^{(3)} = \{x_3\}$		$G_3^{(3)} = \{x_5, x_6\}$	
$k=4$	$G_1^{(3)} = \{x_1, x_2, x_4\}$				$G_3^{(3)} = \{x_3, x_5, x_6\}$	

```
function method_2
%谱系聚类法
x1=[0,3,1,2,0]';x2=[1,3,0,1,0]';  %输入特征向量
x3=[3,3,0,0,1]';x4=[1,1,0,2,0]';
x5=[3,2,1,2,1]';x6=[4,1,1,1,0]';
X=[x1,x2,x3,x4,x5,x6];  %构建待分类对象集
[m,N]=size(X);  %N为待分类对象个数
c=2;  %设定分类数目(2<=c<=N)
G=eye(N,N);  %取G为单位阵,表示x1,x2,…,xN各属一类
for k=1:N-c
    [I,J]=minDist(G,X);  %查找类中类间距离最小的两类下标
    G(:,I)=G(:,I)+G(:,J);  %将GJ类归并GI类
    G(:,J)=[];  %删除GJ类
    G
end
fprintf('最终分类状况为\n')  %输出分类
for j=1:c
    str='{';  %构建输出字符串
    for i=1:N
        if G(i,j)==1
            str=[str,' x',num2str(i)];
        end
    end
    str=[str,'}'];
    disp(str)
end
%***********************************************
function [minI,minJ]=minDist(G,X)
    min=10000;  %为查找最小者,先设定最小者初值
    [temp,n]=size(G);  %获取G中类的个数
    for i=1:n-1
        Gi=G(:,i);  %取出G中第i列,即类Gi
        GiVector=X(:,find(Gi));  %取出Gi类所含向量
        zi=mean(GiVector,2);  %计算Gi的中心
        for j=i+1:n
            Gj=G(:,j);  %取出G中第i列,即类Gj
            GjVector=X(:,find(Gj));  %取出Gj类所含向量
```

```
            zj=mean(GjVector,2);  %计算 Gj 的中心
            d=norm(zi-zj,2);  %计算 Gi 到 Gj 的距离
            if d<min  %比较法查找具有最小距离的两类下标
              min=d;minI=i;minJ=j;
            end
        end
    end
fprintf('最小距离 d(%d,%d)=%6.5f\n',minI,minJ,min)
```

用简单聚类法与谱系聚类法，编程求解如下：

```
function method_1
%简单聚类法
x1=[0,3,1,2,0]';x2=[1,3,0,1,0]';  %输入特征向量
x3=[3,3,0,0,1]';x4=[1,1,0,2,0]';
x5=[3,2,1,2,1]';x6=[4,1,1,1,0]';
X=[x1,x2,x3,x4,x5,x6];  %构建待分类对象集
[m,N]=size(X);  %N 为待分类对象个数
T=2.3;  %设定类内距离门限
y=zeros(N,1);y(1,1)=1;
G=[y];R=[X(:,1)];  %初始分类
for k=2:N
    x=X(:,k);  %取 X 中的第 k 个对象
    [dmin,J]=minDist(x,G,X);  %计算 x 到 G 中各类距离，找出具有最小距离类 Gj
    R=[R,x];  %让 x 进入 R
    if dmin< T
      G(k,J)=1;  %x 归入 Gj 类
    else
        y=zeros(N,1);
        y(k,1)=1;
        G=[G,y];  %x 成为新类
    end
end
G
R
fprintf('最终分类状况为\n')  %输出分类
[temp,c]=size(G);  %获取 G 中类的个数
for j=1:c
    str='{';  %构建输出字符串
    for i=1:N
```

```
        if G(i,j)==1
            str=[str,' x',num2str(i)];
        end
    end
    str=[str,'}'];
    disp(str)
end
%**********用户自定义函数**********
function [dmin,J]=minDist(x,G,X)
   [temp,c]=size(G);  %获取 G 中类的个数
   d=zeros(c,1);
   for j=1:c
       Gj=G(:,j);  %取出 G 中第 j 列,即取 G 中类 Gj
       GjVector=X(:,find(Gj));  %取出 Gj 类所含向量
       zj=mean(GjVector,2);  %计算 Gj 的中心
       d=norm(x-zj,2);  %计算 x 到 Gj 的距离
   end
   [dmin,J]=min(d);  %获取最小距离以及所对应的类下标

function method_2
%谱系聚类法
x1=[0,3,1,2,0]';x2=[1,3,0,1,0]';  %输入特征向量
x3=[3,3,0,0,1]';x4=[1,1,0,2,0]';
x5=[3,2,1,2,1]';x6=[4,1,1,1,0]';
X=[x1,x2,x3,x4,x5,x6];  %构建待分类对象集
[m,N]=size(X);  %N 为待分类对象个数
c=2;  %设定分类数目(2< =c< =N)
G=eye(N,N);  %取 G 为单位阵,表示 x1,…,x6 各属一类
for k=1:N-c
    [I,J]=minDist(G,X);  %查找类中类间距离最小的两类下标
    G(:,I)=G(:,I)+G(:,J);  %将 GJ 类归并 GI 类
    G(:,J)=[];  %删除 GJ 类
end
fprintf('最终分类状况为\n')  %输出分类
for j=1:c
    str='{';  %构建输出字符串
    for i=1:N
        if G(i,j)==1
```

```
            str=[str,' x',num2str(i)];
        end
    end
    str=[str,'}'];
    disp(str)
end
%****************************************************
function [minI,minJ]=minDist(G,X)
    min=10000;  %为了查找最小者,先设定最小者初值
    [temp,n]=size(G);  %获取 G 所含类的个数
    for i=1:n-1
        Gi=G(:,i);  %取出 G 中第 i 列,即类 Gi
        GiVector=X(:,find(Gi));  %取出 Gi 类所含向量
        zi=mean(GiVector,2);  %计算 Gi 的中心
        for j=i+1:n
            Gj=G(:,j);  %取出 G 中第 i 列,即类 Gj
            GjVector=X(:,find(Gj));  %取出 Gj 类所含向量
            zj=mean(GjVector,2);  %计算 Gj 的中心
            d=norm(zi-zj,2);  %计算 Gi 到 Gj 的距离
            if d< min  %比较法查找具有最小距离的两类下标
              min=d;minI=i;minJ=j;
            end
        end
    end
```

2.3　证明:设经过 k 次迭代后,聚类结果为 $G_i^{(k)}(i=1,2,\cdots,c)$,$z_i^{(k)}$ 为 $G_i^{(k)}$ 的中心,第 $k+1$ 次迭代后,聚类结果为 $G_i^{(k+1)}(i=1,2,\cdots,c)$,$z_i^{(k+1)}$ 为 $G_i^{(k+1)}$ 的中心.

不妨设样本 x_l 从 $G_j^{(k)}$ 调整到了 $G_s^{(k+1)}$,$G_j^{(k)}$,$G_s^{(k)}$,$G_j^{(k+1)}$,$G_s^{(k+1)}$ 的中心分别为 $z_j^{(k)}$,$z_s^{(k)}$,$z_j^{(k+1)}$ 和 $z_s^{(k+1)}$,则

$$z_j^{(k)}-z_j^{(k+1)}=\frac{x_l-z_j^{(k)}}{|G_j^{(k)}|-1},$$

$$z_s^{(k)}-z_s^{(k+1)}=\frac{x_l-z_s^{(k)}}{|G_s^{(k)}|-1}.$$

$G_j^{(k)}$,$G_s^{(k)}$,$G_j^{(k+1)}$,$G_s^{(k+1)}$ 的类内距离分别为 $J_j^{(k)}$,$J_s^{(k)}$,$J_j^{(k+1)}$ 和 $J_s^{(k+1)}$,则

$$J_j^{(k)}-J_j^{(k+1)}=\frac{G_j^{(k)}}{|G_j^{(k)}|-1}d^2(x_l,z_j^{(k)}),$$

$$J_s^{(k)}-J_s^{(k+1)}=\frac{G_s^{(k)}}{|G_s^{(k)}|+1}d^2(x_l,z_s^{(k)}).$$

若 $d(x_l,z_s^{(k)})<d(x_l,{}_j^{(k)})$,则 $J_j^{(k+1)}+J_s^{(k+1)}<J_j^{(k)}+J_s^{(k)}$,于是

$$J^{k+1}=\sum_{t=1}^{c}\sum_{x\in G_i^{(k+1)}}\|x-z_t^{(k+1)}\|^2<J^k=\sum_{j=1}^{c}\sum_{x\in G_j^{(k)}}\|x-z_j^{(k)}\|,$$

于是,序列$\{J^k\}$单调递减,又J^k非负,故收敛.

2.4 (1) 将14只蠓虫数据编辑成为一个名为data.txt的文本文件,且内容如下:

1.36 1.38 1.38 1.38 1.40 1.48 1.54 1.56 1.14 1.18 1.20 1.26 1.28 1.30
1.74 1.64 1.82 1.90 1.70 1.82 1.82 2.08 1.78 1.96 1.86 2.00 2.00 1.96

并将它放置到MATLAB的work目录下.

在MATLAB命令空间,键入以下命令:

```
X=load('data.txt')   %将数据文件 data.txt 装载入变量 X
axis([1.1,1.6,1.6,2.1])  %定义画图区域
plot(X(1,1:8),X(2,1:8),'or')   %画 Af 类数据点
plot(X(1,9:14),X(2,9:14),'*b')   %画 Apf 类数据点
hold on
```

可得到下图.从中可以看出,Af类的点在图像右下方,而Apf类的点在图像的左上方,存在一条直线,将它们分成两类.

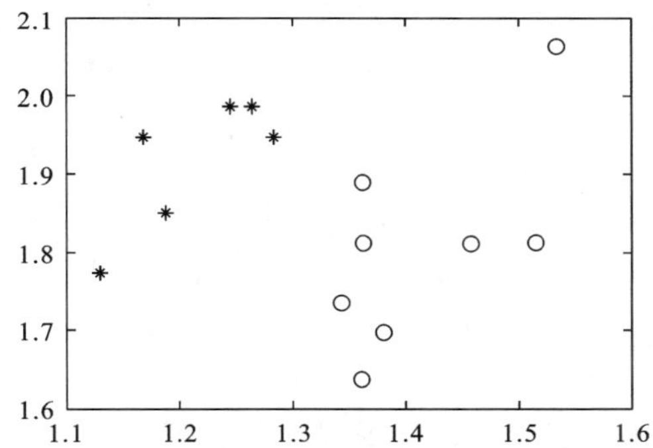

(2) MATLAB程序如下:

```
function method_3
%2-均值聚类法
X=load('data.txt');   %构建待分类对象集
[m,N]=size(X);   %确定待分类对象个数 N
c=2;   %取分类数(注意:2<=c<=N)
[m,N]=size(X);
G=zeros(N,c);
oldG=G;
G(1:c,1:c)=eye(c);   %G 的顶部置为单位阵,表示 x1,x2,…,xc 被选入
                     %G 迭代
while ~isequal(G,oldG)
    oldG=G;
    for i=1:N
```

```
            j=minDist(X(:,i),G,X);  %求 xi 到 G 中某类具有最小距离的类下标
            G(i,:)=zeros(1,c);  %将 G 中第 i 行置 0
            G(i,j)=1;  %再将 G 中第 i 行的第 j 列置 1
        end
    end
    %输出
    fprintf('最终分类状况为\n')  %输出分类
    for j=1:c
        str='{';  %构建输出字符串
        for i=1:N
            if G(i,j)==1
                str=[str,' x',num2str(i)];
            end
        end
        str=[str,'}'];
        disp(str)
    end
    %自定义函数
    function j=minDist(x,G,X)
      %计算 x 到 G 中各类的距离,并返回最小距离所对应的类下标
      [temp,c]=size(G);  %获取 G 中类的个数 c
      d=zeros(c,1);  %定义距离数组并初始化为零向量
      for i=1:c
          Gi=G(:,i);  %取出 G 中第 i 列,即类 Gi
          GiVector=X(:,find(Gi));  %取出 Gi 类所含向量
          zi=mean(GiVector,2);  %计算 Gi 的中心
          d(i)=norm(x-zi,2);  %计算 x 到 Gi 的距离
      end
      [dmin,j]=min(d);  %获取最小距离所对应的类下标
```

程序运行结果如下：

```
最终分类状况为
{x1 x2 x3 x4 x5 x6 x7 x8}
{x9 x10 x11 x12 x13 x14}
```

这也证实了蠓虫可分 Af 和 Apf 两类的说法.

(3) 设分类直线的方程为

$$a_1x+a_2y+a_3=0.$$

由于 Af 类的点在直线右下方,这些点应使该方程的值小于 0;而非 Apf 类的点在直线左上方,这些点应使该方程的值大于 0. 简单地,令

$$\begin{cases}1.36a_1+1.74a_2+a_3=-1,\\1.38a_1+1.64a_2+a_3=-1,\\1.38a_1+1.82a_2+a_3=-1,\\1.38a_1+1.90a_2+a_3=-1,\\1.40a_1+1.70a_2+a_3=-1,\\1.48a_1+1.82a_2+a_3=-1,\\1.54a_1+1.82a_2+a_3=-1,\\1.56a_1+2.08a_2+a_3=-1,\end{cases}\quad\begin{cases}1.14a_1+1.78a_2+a_3=1,\\1.18a_1+1.96a_2+a_3=1,\\1.20a_1+1.86a_2+a_3=1,\\1.26a_1+2.00a_2+a_3=1,\\1.28a_1+2.00a_2+a_3=1,\\1.30a_1+1.96a_2+a_3=1,\end{cases}$$

这是一个由 14 个方程所组成的矛盾方程组,可求其最小二乘解.

在 MATLAB 命令空间中,键入以下命令:

```
z=[-ones(8,1);ones(6,1)]   %右端列向量
A=[X(1,:)',X(2,:)',ones(14,1)]  %系数矩阵
a=(A'*A)\(A'*z)  %求最小二乘解
```

可得分类函数约为$-6.5474x+3.3609y+2.4073=0$,画出该直线,可得以下图像:

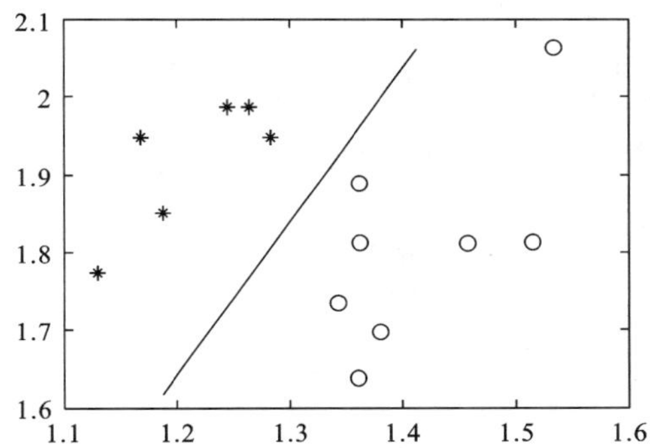

显然,该直线确实将数据点分成了两类.

(4) 将新样本 $\boldsymbol{x}_{15}=(1.28,1.86)^{\mathrm{T}}$,$\boldsymbol{x}_{16}=(1.41,1.84)^{\mathrm{T}}$ 分别代入分类函数,有

$-6.5474\times1.28+3.3609\times1.86+2.4073=0.2779>0$,故 $\boldsymbol{x}_{15}$属于 Apf;

$-6.5474\times1.41+3.3609\times1.84+2.4073=-0.6405>0$,故 $\boldsymbol{x}_{16}$属于 Af.

(5) MATLAB 程序如下:

```
function method_3
%2-均值聚类法
X=load('data.txt');  %装载原样本数据
x15=[1.28,1.86]';  %新样本
x16=[1.41,1.84]';  %新样本
X=[X,x15,x16];  %构建等分类对象集
[m,N]=size(X);  %确定待分类对象个数 N
c=2;  %取分类数(注意:2<=c<=N)
[m,N]=size(X);
G=zeros(N,c);
```

```
oldG=G;
G(1:c,1:c)=eye(c);  %G的顶部置为单位阵,表示x1,x2,…,xc被选入
                    %G迭代
while ~isequal(G,oldG)
    oldG=G;
    for i=1:N
        j=minDist(X(:,i),G,X);  %求xi到G中某类具有最小距离的类下标
        G(i,:)=zeros(1,c);  %将G中第i行置0
        G(i,j)=1;  %再将G中第i行的第j列置1
    end
end
%输出
fprintf('最终分类状况为\n')  %输出分类
for j=1:c
    str='{';  %构建输出字符串
for i=1:N
        if G(i,j)==1
            str=[str,' x',num2str(i)];
        end
    end
    str=[str,'}'];
    disp(str)
end
%自定义函数
function j=minDist(x,G,X)
  %计算x到G中各类的距离,并返回最小距离所对应的类下标
  [temp,c]=size(G);  %获取G中类的个数c
  d=zeros(c,1);  %定义距离数组并初始化为零向量
  for i=1:c
      Gi=G(:,i);  %取出G中第i列,即类Gi
      GiVector=X(:,find(Gi));  %取出Gi类所含向量
      zi=mean(GiVector,2);  %计算Gi的中心
      d(i)=norm(x-zi,2);  %计算x到Gi的距离
  end
  [dmin,j]=min(d);  %获取最小距离所对应的类下标
```

程序运行结果如下：

```
最终分类状况为
{x1 x2 x3 x4 x5 x6 x7 x8 x16}
{x9 x10 x11 x12 x13 x14 x15}
```

习题 3 解答

3.1　$m_{DFT} = a_{DFT} = 4N^2 = 4 \times 1024^2 = 4 \times 10^6$.

DFT 作复乘,所需时间 $4 \times 10^6 \times 10^2 = 4 \times 10^8\ \mu s$;

DFT 作复加所需时间 $4 \times 10^6 \times 20\ \mu s = 8 \times 10^7\ \mu s$.

$m_{FFT} = \dfrac{N}{2}\log_2 N = 5\,120(\because N = 2^{10} = 1024), a_{FFT} = N\log_2 N = 10240$.

FFT 作复乘所需时间 $5\,120 \times 10^2\ \mu s = 512 \times 10^3\ \mu s$;

FFT 作复加所需时间 $1\,024 \times 20\ \mu s = 2\,048 \times 10^2\ \mu s$.

$$N = 2 \times 2 \times 3$$

3.2　可能有三种.先分成 2 组,每组有 6 各点,后每组内再分成两组.

时间顺序为 $x(0), x(4), x(8), x(2), x(6), x(10), x(1), x(5), x(9), x(7), x(11)$;

频域顺序为 $X(0), X(1), X(2), X(3), X(4), X(5), X(6), X(7), X(8), X(9), X(10), X(11)$.

3.3　构成 $Z(k) = X(k) + jY(k)$,由于 $X(k), Y(k)$ 都为实序列,所以 $z(n)$ 是唯一的,$x(n) = \mathrm{Re}[z(n)]$,$y(n) = \mathrm{Im}[z(n)]$,然后对 $Z(k)$ 作 FFT.

3.4　$x(n) = \dfrac{1}{2N}\sum_{K=0}^{2N-1} X(K)W_{2N}^{-Kn}$;

$$x(n) = \begin{cases} x(2m), & n = \text{偶数}, \\ x(2m+1), & n = \text{奇数}; \end{cases}$$

$$x(2m) = \frac{1}{2N}\sum_{k=0}^{2N-1} X(K)W_N^{-km} = \frac{1}{2N}\left[\sum_{k=0}^{N-1} X(K)W_N^{-Km} + \sum_{k=0}^{N-1} X(KN)W_N^{-m(K+N)}\right]$$

$$= \frac{1}{2N}\sum_{K=0}^{N-1} \frac{1}{2}[X(K) + X(K+N)]W_N^{-mK}.$$

习题 4 解答

4.1　运行如下 MATLAB 程序可得结果:

```
clear all
clc
X=-2.048:0.01:2.048;Y=-2.048:0.01:2.048;N=size(X);N=N(2);
Z=zeros(N,N);
for i=1:N
    for j=1:N
        Z(i,j)=100*(X(i)^2-Y(j))^2+(1-X(i))^2;
    end
end
figure(1)
mesh(X,Y,Z);view(300,150);
```

```
figure(2)
mesh(X,Y,Z);view(90,0);
```

4.2　MATLAB 程序如下：

```
function F=myfun()
clear all
clc
format long;  %设定数据显示格式
%初始化参数
J=[-0.0058,-0.00547,-0.00545,-0.0133,-0.02725,-0.0207…
-0.01605,-0.01445,-0.00558,-0.00285,-0.00008575,0.00655…
0.01013,0.01847,0.0193,0.027,0.0315,0.03,0.0395,0.0405…
0.0445,0.05675,0.0635,0.0695,0.0755,0.0815,0.08925,0.1035…
0.12025,0.1295,0.14175,0.164,0.1845,0.22425,0.24875,0.3075…
0.3425,0.395,0.485,0.5725,0.685,0.83,1.015,1.2925,1.65,2.11…
2.7,3.525,4.525,5.75,7.25]';
v=-0.2:0.02:0.8;v=v';
e=1.60*10^(-19);k_B=1.38*10^(-23);
%J_0=1*10^(-3);
J_L=0;
%n=1.17;  %(可以调整 1 到 3 之间)
T=300;  %温度
Gen=300;  %仿真代数
N=1000;  %群体规模
pm=0.1;pc=0.8;  %交叉变异概率
umin1=0;umax1=35;umin2=0;umax2=5000;umin3=1*10^(-5);
umax3=1*10^(-3);umin4=1;umax4=3  %参数取值范围
L=25;  %单个参数字串长度,总编码长度 2L
bval=round(rand(N,4*L));  %初始种群
bestv=-inf;  %最优适应度初值
%迭代开始
for ii=1:Gen
%解码,计算适应度
for i=1:N
        y1=0;y2=0;y3=0;y4=0;
        for j=1:1:L
           y1=y1+bval(i,L-j+1)*2^(j-1);
        end
        x1=(umax1-umin1)*y1/(2^L-1)+umin1;
        for j=1:1:L
```

```
            y2=y2+bval(i,2*L-j+1)*2^(j-1);
          end
          x2=(umax2-umin2)*y2/(2^L-1)+umin2;

          for j=1:1:L
            y3=y3+bval(i,3*L-j+1)*2^(j-1);
          end
          x3=(umax3-umin3)*y3/(2^L-1)+umin3;

          for j=1:1:L
            y4=y4+bval(i,4*L-j+1)*2^(j-1);
          end
          x4=(umax4-umin4)*y4/(2^L-1)+umin4;

        obj(i)=ComputeSigma(x1,x2,J,v,e,k_B,x3,J_L,x4,T);  %目标函数
          xx(i,:)=[x1,x2,x3,x4];
end
func=obj;  %目标函数转换为适应度函数
p=func./sum(func);
q=cumsum(p);  %累加
[fmax,indmax]=max(func);  %求当代最佳个体
   if fmax> =bestv
      bestv=fmax;  %到目前为止最优适应度值
      bvalxx=bval(indmax,:);  %到目前为止最佳位串
      optxx=xx(indmax,:);  %到目前为止最优参数
   end
   Bfit1(ii)=bestv;  %存储每代的最优适应度
%%%%遗传操作开始
%轮盘赌选择
for i=1:(N-1)
    r=rand;
    tmp=find(r<=q);
    newbval(i,:)=bval(tmp(1),:);
end
  newbval(N,:)=bvalxx;  %最优保留
  bval=newbval;
%单点交叉
for i=1:2:(N-1)
   cc=rand;
```

```
  if cc<pc
      point=ceil(rand*(4*L-1));  %取得一个 1 到 2L-1 的整数
      ch=bval(i,:);
      bval(i,point+1:4*L)=bval(i+1,point+1:4*L);
      bval(i+1,point+1:4*L)=ch(1,point+1:4*L);
    end
end
bval(N,:)=bvalxx;  %最优保留
%位点变异
mm=rand(N,4*L)<pm;  %N 行
mm(N,:)=zeros(1,4*L);  %最后一行不变异,强制赋 0
bval(mm)=1-bval(mm);
end

%输出

bestv  %输出最优适应度值
optxx  %输出最优参数
figure(1);  %绘制最优适应度进化曲线
plot(Bfit1);
hold on
J_out=ComputeJ(optxx(1),optxx(2),J,v,e,k_B,x3,J_L,x4,T);
figure(2);  %绘制 J-V 实际曲线和拟合曲线
plot(v,J,'b-',v,J_out,'r--','LineWidth',1.3);
legend('J-V 实际曲线','J-V 拟合曲线',2);
xlabel('V'),ylabel('J');
hold on  %

function Sigma=ComputeSigma(R_s,R_p,J,v,e,k_B,x3,J_L,x4,T)
Sigma=0;
for i=1:length(J)
    Sigma=Sigma+(J(i)-x3*(exp(e*(v(i)-J(i).*R_s)/x4/k_B/T)-1)…
          -(v(i)-J(i).*R_s)./R_p+J_L)^2;
end
Sigma=Sigma^(-1);

function J_out=ComputeJ(R_s,R_p,J,v,e,k_B,x3,J_L,x4,T)
for i=1:length(J)
      J_out(i)=x3*(exp(e*(v(i)-J(i).*R_s)/x4/k_B/T)-1)…
```

```
        + (v(i)-J(i).*R_s)./R_p-J_L;
end

function J_out=ComputeJ(R_s,R_p,J,v,e,k_B,x3,J_L,x4,T)
for i=1:length(J)
    J_out(i)=x3*(exp(e*(v(i)-J(i).*R_s)/x4/k_B/T)-1)…
            + (v(i)-J(i).*R_s)./R_p-J_L;
end
```

习题 5 解答

5.1 运行如下 MATLAB 程序可得结果：

```
%禁忌搜索求解 0-1 背包问题
function knapsackprob( )
clear all;clc;
%global a;
%global c;
a=[14,23,33,40,28,12,22];  %重量
c=[46,90,72,91,40,75,35];  %价值
n=size(a,2);
b=120;
listlength=15;  %禁忌长度
num=1;
bnum=1;
%初始化禁忌表
list=round(rand(1,20));
for i=1:n
    list(i)=0;
end
fxbest(bnum)=0;  %记录每次迭代最好的值
fxlbest(num)=0;  %记录历史最好的值
%m=200;
for j=1:20
    k=1;  %选择初始可行解
    while(k)
        x0=round(rand(n,1));  %产生初始 x(1)->x(7)
        x0(1)=1;  %以 x(1)为起点
        w=a*x0;
        if w<=b
```

```
            k=0;
        end
    end
        if (c*x0)>fxbest(num)
          fxbest(num)=c*x0;
xbest=x0;
        end
end
if fxbest(num)>fxlbest(bnum)
    fxlbest(bnum)=fxbest(num);
end
x1=x0;
%nlist=list;
%产生邻域解 禁忌对象选择 x 的分量,并选择最佳解
while(num<=50)

    [x,p1,p2]=near(a,c,b,x1,list);
  %更新禁忌表
    list=newlist(p1,p2,list);
    x1=x;
    num=num+1;
    fxbest(num)=c*x1;
    if fxbest(num)>fxlbest(bnum)
        bnum=bnum+1;
        fxlbest(bnum)=fxbest(num);
        xbest=x1;
        list(p1)=0;
        list(p2)=0;
    end
end
xbest
subplot(2,1,1)
plot([1:num],fxbest);grid;
axis([0 num 0 2000]);xlabel('num');ylabel('fxbest');
title('每一代最值变化序列');
subplot(2,1,2)
plot([1:bnum],fxlbest);grid;
axis([0 bnum 0 2000]);xlabel('bnum');ylabel('fxlbest');
title('当前最佳值变化序列');
```

```
function [x,p1,p2]=near(a,c,b,x1,list)
temp=0;xtemp=0;
for j=1:10
    k=1;  %选择初始可行解
    xt=x1;
        while(k)
            px=ceil(rand*6)+1;  %在[2,20]范围内随机产生一个变异位
            py=ceil(rand*6)+1;
            xt(px)=abs(xt(px)-1);
            xt(py)=abs(xt(py)-1);
            w=a*xt;
            if w< =b
              k=0;
            end
        end
        if (list(px)>0)&(list(py)>0)
            continue;
        else
            if (c*xt)>temp
               temp=c*xt;
               xtemp=xt;
               p1=px;p2=py;
            end
        end
end
x=xtemp;p1=px';
p2=py';
   function list=newlist(pxj,pyj,list)
    for m=1:7
        if list(m)>0
            list(m)=list(m)-1;
        end
    end
        list=list';
```

5.2 运行如下 MATLAB 程序可得结果：

```
OptTemporaryVRPSolusiDist=0;
OptTabuTemporaryTSPSolusi=zeros(1,Citynum+2);
OptTabuTemporaryVRPSolusi=zeros(1,Citynum *2+1);
OptTabuTemporaryVRPSolusiDist=0;
```

```
%TS 迭代
for i=1:IterasiMaximum
  %generate solusi Temporary
  for j=1:TemporarySolusiNum
       Choice=randi(3);
       switch (Choice)
        case 1  %1-insert
          [Tabel_TempororyTSPSolusi(j,:) Kota_1 Kota_2 ]=
           PerformInsert(SolusiSaatIni);
          Tabel_TempororyVRPSolusi(j,:)=ConvertToVRPSolution
            (Tabel_TempororyTSPSolusi(j,:),Demand,Carrying_
            capacity);
          Tabel_TempororyVRPSolusiDist(j)=CalculateTotalDistance
            (Tabel_TempororyVRPSolusi(j,:),Distance_matrix);
        case 2  %1-swap
          [Tabel_TempororyTSPSolusi(j,:)Kota_1 Kota_2]=PerformSwap
            (SolusiSaatIni);
          Tabel_TempororyVRPSolusi(j,:)=ConvertToVRPSolution
            (Tabel_TempororyTSPSolusi(j,:),Demand,Carrying_
            capacity);
          Tabel_TempororyVRPSolusiDist(j)=CalculateTotalDistance
          (Tabel_TempororyVRPSolusi(j,:),Distance_matrix);
        case 3  %2-opt
          [Tabel_TempororyTSPSolusi(j,:)  Kota_1 Kota_2]=
          Perform2Opt(SolusiSaatIni);
          Tabel_TempororyVRPSolusi(j,:)=ConvertToVRPSolution
          (Tabel_TempororyTSPSolusi(j,:),Demand,Carrying_
          capacity);
          Tabel_TempororyVRPSolusiDist(j)=CalculateTotalDistance
          (Tabel_TempororyVRPSolusi(j,:),Distance_matrix);
        end
        Tabel_LocalSearchOperasi(j,:)=[Choice  Kota_1 Kota_2];
end

     TabuCheck=zeros(1,TemporarySolusiNum);
     for j=1:TemporarySolusiNum
        for k=1:Tabulength
           if Tabel_LocalSearchOperasi(j,:)==TabuList(k,:)
              TabuCheck(j)=1;
```

```
        end
    end
end
IndexTabuOpt=1;
IndexOutTabuOpt=1;
OptTemporaryVRPSolusiDist=Total_distance;
OptTabuTemporaryVRPSolusiDist=Total_distance;
for j=1:TemporarySolusiNum
    if TabuCheck(j)==0
        if Tabel_TempororyVRPSolusiDist(j)<OptTemporaryVRPSolusiDist
        OptTemporaryTSPSolusi=Tabel_TempororyTSPSolusi(j,:);
        OptTemporaryVRPSolusi=Tabel_TempororyVRPSolusi(j,:);
        OptTemporaryVRPSolusiDist=Tabel_TempororyVRPSolusiDist(j);
            IndexOutTabuOpt=j;
        end
    else
        if Tabel_TempororyVRPSolusiDist(j)<OptTabuTemporaryVRPSolusiDist
        OptTabuTemporaryTSPSolusi=Tabel_TempororyTSPSolusi(j,:);
        OptTabuTemporaryVRPSolusi=Tabel_TempororyVRPSolusi(j,:);
        OptTabuTemporaryVRPSolusiDist=Tabel_TempororyVRPSolusiDist(j);
            IndexTabuOpt=j;
        end
    end
end
if OptTabuTemporaryVRPSolusiDist<OptSolusiDist
   OptSolusi=OptTabuTemporaryTSPSolusi;
                                                         %solusi global
   OptVRPSolusi=OptTabuTemporaryVRPSolusi;
                                                         %solusi global
   OptSolusiDist=OptTabuTemporaryVRPSolusiDist;
                                                     %Dist solusi global
   SolusiSaatIni=OptTabuTemporaryTSPSolusi;
                                                        %solusi iterasi
   SolusiVRPSaatIni=OptTabuTemporaryVRPSolusi;
                                                        %solusi iterasi
   DistSolusiSaatIni=OptTabuTemporaryVRPSolusiDist;
                                                    %Dist solusi iterasi
   %update tabu list
       IndexTabuList=mod(i,Tabulength)+1;
```

```
            TabuList(IndexTabuList,:)=Tabel_LocalSearchOperasi
              (IndexTabuOpt,:);
        else %update solusi
            SolusiSaatIni=OptTemporaryTSPSolusi;
                                                    %solusi iterasi
                SolusiVRPSaatIni=OptTemporaryVRPSolusi;
                                                    %solusi iterasi
            DistSolusiSaatIni=OptTemporaryVRPSolusiDist;
                                                %Dist solusi iterasi
        if  OptTemporaryVRPSolusiDist <OptSolusiDist
             OptSolusi=OptTemporaryTSPSolusi;  %solusi global
        OptVRPSolusi=OptTemporaryVRPSolusi;  %solusi global
             OptSolusiDist=OptTemporaryVRPSolusiDist;
                                                 %Dist solusi global
        end
        %update tabu list
        IndexTabuList=mod(i,Tabulength)+1;
        TabuList(IndexTabuList,:)=Tabel_LocalSearchOperasi
(IndexOutTabuOpt,:);
    end
end
%disp('berapa kali PP');
%disp(berapakalipp);
disp ('OptDistance');
disp (OptSolusiDist);
disp (OptVRPSolusi);
toc
figure;
plot(X_coordinate(OptVRPSolusi),Y_coordinate(OptVRPSolusi),'*-')
function totaldistance=CalculateTotalDistance (solusi,
distancematrix)
numberofjourney=numel (solusi) -1;
totaldistance=0;
for i=1:numberofjourney
    totaldistance=totaldistance+distancematrix (solusi (i),
solusi (i+1));
end
function solusivrp=ConvertToVRPSolution (solusitsp,demandkota,
kapasitaskendaraan)  %由 tsp 解,客户需求量,每车运输量生成 vrp 解
```

```
jumlahkota=numel(solusitsp)-2;
solusivrp=ones (1,jumlahkota *2+1);
demandsekarang=0;
indexvrpsekarang=1;
for i=2:jumlahkota+1
    if demandsekarang+demandkota(solusitsp(i)) <=
       kapasitaskendaraan
    demandsekarang=demandsekarang+demandkota(solusitsp(i));
                                        %demandsekarang 为客户需求量之和
    indexvrpsekarang=indexvrpsekarang+1;
                                  %计算本段(未装满一车的客户算一段)客户总数
    solusivrp (indexvrpsekarang)=solusitsp (i);
    else
       indexvrpsekarang=indexvrpsekarang+1;
                                  %客户总数仍然加一(加的'客户'实际上是仓库)
       solusivrp (indexvrpsekarang)=1;
                                                %vrp 解插入 1(代表仓库)
       demandsekarang=demandkota(solusitsp(i));
                                                %客户需求量重新开始计算
       indexvrpsekarang=indexvrpsekarang+1;
                                     %客户总数再加一(加的是仓库以后的客户)
        solusivrp (indexvrpsekarang)=solusitsp (i);
                                                     %记录仓库以后的客户
    end
end
function distancematrix=GenerateDistanceMatrix(x_
coordinate,y_coordinate)
numberofcities=numel(x_coordinate);
distancematrix=zeros(numberofcities);
for i=1:numberofcities
    for j=1:numberofcities
distancematrix(i,j)=((x_coordinate(i)-x_coordinate(j))^2
        +(y_coordinate(i) -y_coordinate (j))^2)^0.5;
    end
end
function solusirandom=GenerateSolusiRandom (jumlahkota)
solusirandom=[1 randperm(jumlahkota)+1 1];
function [Solusi2Opt  Kota_1 Kota_2]=Perform2Opt(SolusiAwal)
JumlahKota=numel(SolusiAwal)-2;
```

```
Index_1=randi(JumlahKota)+1;
Index_2=Index_1;
while Index_1 >=Index_2
    Index_1=randi(JumlahKota)+1;
    Index_2=randi(JumlahKota)+1;
end
Kota_1=SolusiAwal(Index_1);
Kota_2=SolusiAwal(Index_2);
Solusi2Opt=SolusiAwal;
Solusi2Opt(Index_1:Index_2)=SolusiAwal(Index_2:-1:Index_1);
function [SolusiSwap Kota_1 Kota_2]=PerformSwap(SolusiAwal)
JumlahKota=numel(SolusiAwal) -2;
Index_1=randi(JumlahKota)+1;
Index_2=Index_1;
while Index_2==Index_1
    Index_2=randi(JumlahKota)+1;
end
Kota_1=SolusiAwal(Index_1);
Kota_2=SolusiAwal(Index_2);
SolusiSwap=SolusiAwal;
SolusiSwap(Index_1)=SolusiAwal(Index_2);
SolusiSwap(Index_2)=SolusiAwal(Index_1);
function [SolusiInsert Kota_1 Kota_2]=PerformInsert(SolusiAwal)
JumlahKota=numel(SolusiAwal) -2;
Index_1=randi(JumlahKota)+1;
Index_2=Index_1;
while Index_2==Index_1
    Index_2=randi(JumlahKota)+1;
end
Kota_1=SolusiAwal(Index_1);
Kota_2=SolusiAwal(Index_2);
SolusiInsert=SolusiAwal;
if Index_1 >Index_2
    SolusiInsert(Index_2)=SolusiAwal(Index_1);
    SolusiInsert(Index_2+1:Index_1)=SolusiAwal(Index_2:Index_1 -1);
else
    SolusiInsert(Index_2)=SolusiAwal(Index_1);
    SolusiInsert(Index_1:Index_2 -1)=SolusiAwal(Index_1+1:Index_2);
end
```

习题 6 解答

6.1 MATLAB 程序如下：

```
clc  %清屏
clear all;  %清除内存以便加快运算速度
close all;  %关闭当前所有 figure 图像
SamNum=20;  %输入样本数量为 20
TestSamNum=20;  %测试样本数量也是 20
ForcastSamNum=2;  %预测样本数量为 2
HiddenUnitNum=8;  %中间层隐节点数量取 8,比工具箱程序多了 1 个
InDim=3;  %网络输入维度为 3
OutDim=2;  %网络输出维度为 2
%原始数据
%人数(单位:万人)
sqrs=[20.55 22.44 25.37 27.13 29.45 30.10 30.96 34.06 36.42 38.09
      39.13 39.99 41.93 44.59 47.30 52.89 55.73 56.76 59.17 60.63];
%机动车数(单位:万辆)
sqjdcs=[0.6 0.75 0.85 0.9 1.05 1.35 1.45 1.6 1.7 1.85 2.15 2.2 2.25
        2.35 2.5 2.6 2.7 2.85 2.95 3.1];
%公路面积(单位:万 km²)
sqglmj=[0.09 0.11 0.11 0.14 0.20 0.23 0.23 0.32 0.32 0.34 0.36 0.36
        0.38 0.49 0.56 0.59 0.59 0.67 0.69 0.79];
%公路客运量(单位:万人)
glkyl=[5126 6217 7730 9145 10460 11387 12353 15750 18304 19836 21024
       19490 20433 22598 25107 33442 36836 40548 42927 43462];
%公路货运量(单位:万吨)
glhyl=[1237 1379 1385 1399 1663 1714 1834 4322 8132 8936 11099 11203
       10524 11115 13320 16762 18673 20724 20803 21804];
p=[sqrs;sqjdcs;sqglmj];  %输入数据矩阵
t=[glkyl;glhyl];  %目标数据矩阵
[SamIn,minp,maxp,tn,mint,maxt]=premnmx(p,t);
                                        %原始样本对(输入和输出)初始化
rand('state',sum(100*clock))  %依据系统时钟种子产生随机数
NoiseVar=0.01;  %噪声强度为 0.01(添加噪声的目的是为了防止网络过度拟合)
Noise=NoiseVar*randn(2,SamNum);  %生成噪声
SamOut=tn+Noise;  %将噪声添加到输出样本上
TestSamIn=SamIn;  %这里取输入样本与测试样本相同因为样本容量偏少
```

```
TestSamOut=SamOut;  %也取输出样本与测试样本相同
MaxEpochs=50000;  %最多训练次数为 50000
lr=0.035;  %学习速率为 0.035
E0=0.65*10^(-3);  %目标误差为 0.65*10^(-3)
W1=0.5*rand(HiddenUnitNum,InDim)-0.1;
                                        %初始化输入层与隐含层之间的权值
B1=0.5*rand(HiddenUnitNum,1)-0.1;
                                        %初始化输入层与隐含层之间的阈值
W2=0.5*rand(OutDim,HiddenUnitNum)-0.1;
                                        %初始化输出层与隐含层之间的权值
B2=0.5*rand(OutDim,1)-0.1;  %初始化输出层与隐含层之间的阈值
ErrHistory=[];  %给中间变量预先占据内存
for i=1:MaxEpochs
HiddenOut=logsig(W1*SamIn+repmat(B1,1,SamNum));  %隐含层网络输出
NetworkOut=W2*HiddenOut+repmat(B2,1,SamNum);  %输出层网络输出
Error=SamOut-NetworkOut;  %实际输出与网络输出之差
SSE=sumsqr(Error)  %能量函数(误差平方和)
ErrHistory=[ErrHistory SSE];
if SSE<E0,break,end  %如果达到误差要求则跳出学习循环
    Delta2=Error;
    Delta1=W2'*Delta2.*HiddenOut.*(1-HiddenOut);
    dW2=Delta2*HiddenOut';
    dB2=Delta2*ones(SamNum,1);
    dW1=Delta1*SamIn';
    dB1=Delta1*ones(SamNum,1);
  %对输出层与隐含层之间的权值和阈值进行修正
    W2=W2+lr*dW2;
    B2=B2+lr*dB2;
  %对输入层与隐含层之间的权值和阈值进行修正
    W1=W1+lr*dW1;
    B1=B1+lr*dB1;
end
HiddenOut=logsig(W1*SamIn+repmat(B1,1,TestSamNum));
                                                  %隐含层输出最终结果
NetworkOut=W2*HiddenOut+repmat(B2,1,TestSamNum);
                                                  %输出层输出最终结果
a=postmnmx(NetworkOut,mint,maxt);  %还原网络输出层的结果
x=1990:2009;  %时间轴刻度
```

```
newk=a(1,:);  %网络输出客运量
newh=a(2,:);  %网络输出货运量
figure;
subplot(2,1,1);plot(x,newk,'r-o',x,glkyl,'b--+')
                                          %绘值公路客运量对比图;
legend('网络输出客运量','实际客运量');
xlabel('年份');ylabel('客运量/万人');
subplot(2,1,2);plot(x,newh,'r-o',x,glhyl,'b--+')
                                          %绘制公路货运量对比图;
legend('网络输出货运量','实际货运量');
xlabel('年份');ylabel('货运量/万吨');

%利用训练好的网络进行预测
%当用训练好的网络对新数据 pnew 进行预测时,也应作相应的处理
pnew=[73.39 75.55
      3.9635 4.0975
      0.9880 1.0268];  %2010 年和 2011 年的相关数据;
pnewn=tramnmx(pnew,minp,maxp);
                         %利用原始输入数据的归一化参数对新数据进行归一化;
HiddenOut=logsig(W1*pnewn+repmat(B1,1,ForcastSamNum));
                                                  %隐含层输出预测结果
anewn=W2*HiddenOut+repmat(B2,1,ForcastSamNum);
                                                  %输出层输出预测结果
%把网络预测得到的数据还原为原始的数量级;
anew=postmnmx(anewn,mint,maxt)
```

6.2 MATLAB 程序如下:

```
%x 的第一列为 x1,第二列为 x2
x1=x(1,:);
x2=x(2,:);
F=20+x1.^2-10*cos(2*pi*x1)+x2.^2-10*cos(2*pi*x2);
                                                  %计算网络输出 F 值
%%建立 RBF 神经网络
net=newrb(x,F);
%%建立测试样本
interval=0.1;
[i,j]=meshgrid(-1.5:interval:1.5);
row=size(i);
tx1=i(:);
```

```
tx1=tx1';
tx2=j(:);
tx2=tx2';
tx=[tx1;tx2];
%%使用建立的 RBF 网络进行模拟,得出网络输出
ty=sim(net,tx);
%真正的函数图像
interval=0.1;
[x1,x2]=meshgrid(-1.5:interval:1.5);
F=20+x1.^2-10*cos(2*pi*x1)+x2.^2-10*cos(2*pi*x2);
subplot(1,3,1)
mesh(x1,x2,F);
zlim([0,60])
title('真正的函数图像')
%网络得出的函数图像
v=reshape(ty,row);
subplot(1,3,2)
mesh(i,j,v);
zlim([0,60])
title('RBF 神经网络结果')
%误差图像
subplot(1,3,3)
mesh(x1,x2,F-v);
zlim([0,60])
title('误差图像')
set(gcf,'position',[300,250,900,400])
```

6.3 略.

习题 7 解答

7.1 仅需将 9.3 节程序中的 2～9 行改为：

```
D=10;  %维数
NP=100;  %种群规模
F=0.5;  %缩放因子
CR=1;  %交叉概率
gen_max=1000;  %最大进化代数
bounds=ones(D,2);  %取值边界
bounds(:,1)=0.5;  %取值下界
```

```
    bounds(:,2)=1.5;  %取值上界
```

目标函数改写成：

```
function eval=fitnessrevisemodel(x0)
eval=0;
for j=1:9
eval=100*(x0(1,j+1)-x0(1,j)^2)^2+(x0(1,j)-1)^2+eval;
end
```

运行程序，很快能够得到函数最小值为 0，最小值对应的解为(1,1,1,1,1,1,1,1,1,1).

7.2　设差分进化算法中程序执行的条件 1 为最大迭代次数<1000，条件 2 为目标函数值>10^{-30}，则只用在习题 7.1 的基础上在第 6 行后增加一行：

```
eps=10^(-30);  %精度
```

并修改程序的第 25 行为

```
while(count<gen_max&&abs(Pb)>eps)
        %循环终止条件是达到最大进化代数或者达到精度即可
```

运行该程序 10 次后得到的平均迭代次数为 644，函数最小值为 0，最小值对应的解为(1,1,1,1,1,1,1,1,1,1).

习题 8 解答

8.1　此题可以等价为求非线性函数 $z=\frac{\sin\sqrt{x^2+y^2}}{\sqrt{x^2+y^2}}-e^{\frac{\cos 2\pi x+\cos 2\pi y}{2}}+e$ 的最小值问题，此函数在(0,0)处取得最小值−1. 仅需将 8.3 节程序中的 2～13 行改为

```
D=2;  %维数
N=20;  %粒子群规模
W=1;  %惯性权重
C1=1.5;  %学习因子
C2=1.5;  %学习因子
gen_max=1000;  %最大迭代次数
pop_bounds=ones(D,2);  %位置边界
pop_bounds(:,1)=-2;  %位置取值下界
pop_bounds(:,2)=2;  %位置取值上界
v_bounds=ones(D,2);  %速度边界
v_bounds(:,1)=-0.5;  %速度取值下界
v_bounds(:,2)=0.5;  %速度取值上界
```

目标函数改写成：

```
function y=f(x)
y=-sin(sqrt(x(1)^2+x(2)^2))/sqrt(x(1)^2+x(2)^2)-exp((cos(2*pi
  *x(1))+cos(2*pi*x(2)))/2)+exp(1);
```

```
end
```

运行程序,很快能够求得转化后函数最小值为-1,最小值对应的解为$(-0.000\,01, -0.000\,04)$,相应的原函数的最大值为1,最大值对应的解为$(-0.000\,01, -0.000\,04)$,粒子群算法求得的函数的最大值点接近于函数的实际最大值点.

8.2　设差分进化算法中程序执行的条件1为最大迭代次数<1000,条件2为目标函数值$>10^{-30}$,则只用在习题8.1的基础上在第25行前增加一行:

```
theta=1;  %阈值
```

并将原第25行改为

```
while(abs(theta)>10^(-6))
                    %循环终止条件,使最佳适应度值的增量小于给定的阈值
```

原第53行增加一行:

```
theta=gbest-cost(j);  %计算最佳适应度值的增量
```

运行程序后得到迭代次数为3695,函数最大值为1,最大值对应的解为(0.000019, 0.000023).

习题 9 解答

9.1　记$X=(x_1,x_2,x_3,x_4)$表示4种结果发生的次数,依题意,总体服从多项分布,则其似然函数为

$$\begin{aligned}L(\theta;X) &\propto \left(\frac{1}{2}+\frac{\theta}{4}\right)^{x_1}\left(\frac{1-\theta}{4}\right)^{x_2}\left(\frac{1-\theta}{4}\right)^{x_3}\left(\frac{\theta}{4}\right)^{x_4}\\ &\propto (2+\theta)^{x_1}(1-\theta)^{x_2+x_3}\theta^{x_4}.\end{aligned}$$

现假设第一种结果可以分解成两部分,其发生概率分别为$\frac{1}{2}$和$\frac{\theta}{4}$,令y和x_1-y分别表示试验中结果落入这两部分的次数,则完全数据的似然函数为

$$\begin{aligned}L(\theta;X,Y) &\propto \left(\frac{1}{2}\right)^{y}\left(\frac{\theta}{4}\right)^{x_1-y}\left(\frac{1-\theta}{4}\right)^{x_2+x_3}\left(\frac{\theta}{4}\right)^{x_4}\\ &\propto \theta^{x_1-y+x_4}(1-\theta)^{x_2+x_3},\end{aligned}$$

其对数似然函数为

$$\ln L(\theta;X,Y)=(x_1-y+x_4)\ln\theta+(x_2+x_3)\ln(1-\theta).$$

当X和θ已知时,$y\sim b\left(x_1,\frac{2}{2+\theta}\right)$,下面分两步进行迭代求解(在第$i+1$次迭代中,假设有估计值$\theta^{(i)}$):

E步:在给定的X和$\theta^{(i)}$下,求基于完全数据的对数似然函数的期望,把其中与y有关的部分积分掉,即

$$\begin{aligned}Q(\theta\mid X,\theta^{(i)}) &= E_Y((x_1-y+x_4)\ln\theta+(x_2+x_3)\ln(1-\theta)\mid X,\theta^{(i)})\\ &= (x_1-E(y\mid X,\theta^{(i)})+x_4)\ln\theta+(x_2+x_3)\ln(1-\theta)\\ &= \left(x_1-\frac{2}{2+\theta^{(i)}}x_1+x_4\right)\ln\theta+(x_2+x_3)\ln(1-\theta);\end{aligned}$$

M 步：将上式右边关于 θ 求导，并令其等于 0，即

$$\frac{x_1 - \dfrac{2}{2+\theta^{(i)}}x_1 + x_4}{\theta} - \frac{x_2 + x_3}{1-\theta} = 0,$$

于是得到迭代公式：

$$\theta^{(i+1)} = \frac{x_1 + x_4 - \dfrac{2}{2+\theta^{(i)}}x_1}{x_1 + x_2 + x_3 + x_4 - \dfrac{2x_1}{2+\theta^{(i)}}} = \frac{159\theta^{(i)} + 68}{197\theta^{(i)} + 144}.$$

可以任意取一个初始值进行迭代，这里我们取 $\theta^{(0)} = 0.5$，经过 4 次迭代后收敛到 0.6268，即求得 θ 的 MLE.

事实上，这里不用迭代也可以求出 θ 的估计. 若 θ 收敛到 $\hat{\theta}$，则有 $\hat{\theta} = (159\hat{\theta} + 68)/(197\hat{\theta} + 144)$，解之即得 $\hat{\theta} = 0.6268$.

9.2　因为最大似然估计的计算类似于 Bayes 的后验众数的计算，我们还可以从 Bayes 计算角度来进行 EM 算法的求解. 取其先验分布为 $p(\mu,\sigma,\tau) \propto \tau$，将 $Y = (\mu_1, \cdots, \mu_m)$ 看成潜在数据，则添加后验分布为

$$p(\mu,\sigma,\tau \mid X,Y) \propto p(\mu,\sigma,\tau) \cdot \prod_{i=1}^{m} p(\mu_i \mid \mu,\tau) \prod_{i=1}^{m} \prod_{j=1}^{n_i} p(y_{ij} \mid \mu_i,\sigma)$$

$$\propto \tau \cdot (2\pi\tau^2)^{-\frac{m}{2}} \exp\left\{-\sum_{i=1}^{m} \frac{(\mu_i - \mu)^2}{2\tau^2}\right\} \cdot (2\pi\sigma^2)^{-\frac{n}{2}} \exp\left\{-\sum_{i=1}^{m}\sum_{j=1}^{n_i} \frac{(x_{ij} - \mu_i)^2}{2\sigma^2}\right\},$$

对上式求对数得

$$\ln p(\mu,\sigma,\tau \mid X,Y) \propto -(m-1)\ln\tau - n\ln\sigma - \frac{1}{2\tau^2}\sum_{i=1}^{m}(\mu_i - \mu)^2 - \frac{1}{2\sigma^2}\sum_{i=1}^{m}\sum_{j=1}^{n_i}(x_{ij} - \mu_i)^2. \tag{10.1}$$

E 步：设 θ 的第 t 次估计值为 $\theta^{(t)} = (\mu^{(t)}, \sigma^{(t)}, \tau^{(t)})$，在给定的 X 和 $\theta^{(t)}$ 的条件下求 (10.1) 式的期望. 因为正态分布是 μ_i 的共轭先验分布，不难得到 $(\mu_i \mid X, \theta^{(t)}) \sim N(\hat{\mu}_i^{(t)}, \nu_i^{(t)})$，其中

$$\hat{\mu}_i^{(t)} = \left(\frac{\mu^{(t)}}{(\tau^{(t)})^2} + \frac{n_i}{(\sigma^{(t)})^2}\hat{x}_{i\cdot}\right) \Big/ \left(\frac{1}{(\tau^{(t)})^2} + \frac{n_i}{(\sigma^{(t)})^2}\right),$$

$$\nu_i^{(t)} = \left(\frac{1}{(\tau^{(t)})^2} + \frac{n_i}{(\sigma^{(t)})^2}\right)^{-1},$$

这里 $\hat{x}_{i\cdot} = \dfrac{1}{n_i}\sum_{j=1}^{n_i} x_{ij}$. 于是，对于任意与 μ_i 无关的量 C，有

$$E[(\mu_i - C)^2 \mid X, \theta^{(t)}] = [E(\mu_i \mid X, \theta^{(t)}) - C]^2 + \mathrm{Var}(\mu_i \mid X, \theta^{(t)})$$
$$= (\hat{\mu}_i^{(t)} - C)^2 + \nu_i^{(t)},$$

分别令 C 为 μ 和 x_{ij}，可以得到(10.1) 式在 X 和 $\theta^{(t)}$ 给定下的期望为

$$Q(\theta \mid X, \theta^{(t)}) = -(m-1)\ln\tau - n\ln\sigma - \frac{1}{2\tau^2}\sum_{i=1}^{m}\left[(\hat{\mu}_i^{(t)} - \mu)^2 + v_i^{(t)}\right]$$

$$-\frac{1}{2\sigma^2}\sum_{i=1}^{m}\sum_{j=1}^{m}[(\hat{\mu}_i^{(t)}-x_{ij})^2+v_i^{(t)}]+C_1(*),$$

其中 C_1 是与 θ 无关的量.

M 步:将(*) 式对 μ,σ,τ 分别求导,并令其等于 0,得

$$\mu^{(t+1)}=\frac{1}{m}\sum_{i=1}^{m}\hat{\mu}_i^{(t)},$$

$$\sigma^{(t+1)}=\left\{\frac{1}{n}\sum_{i=1}^{m}\sum_{j=1}^{n_i}[(\hat{\mu}_i^{(t)}-x_{ij})^2+\nu_i^{(t)}]\right\}^{1/2},$$

$$\tau^{(t+1)}=\left\{\frac{1}{m-1}\sum_{i=1}^{m}[(\hat{\mu}_i^{(t)}-\mu^{(t+1)})^2+\nu_i^{(t)}]\right\}^{1/2},$$

以上即得出迭代公式.

下面运用 MATLAB 进行迭代计算,

```
clear;clc;
miu=60;sigma=5;tao=4;
A={[62 60 63 59],[63 67 71 64 65 66],[68 66 71 67 68 68],…,
    [56 62 60 61 63 64 63 59]};
m=size(A,2);
for i=1:m
    n(i)=size(A{i},2);
end
N=sum(n);
for i=1:m
    y(i)=sum(A{i})/n(i);
end
T=1;
while 1
    a=miu;b=sigma;c=tao;
    for i=1:m
        Miu(i)=(miu/tao^2+n(i)*y(i)/sigma^2)/…
            (1/tao^2+n(i)/sigma^2);
        V(i)=(1/tao^2+n(i)/sigma^2)^(-1);
    end
    miu=sum(Miu)/m;
    for i=1:m
        U(i)=(Miu(i)-miu)^2+V(i);
        for j=1:n(i)
            Y0(i,j)=(A{i}(1,j)-Miu(i))^2;
            Y(i,j)=Y0(i,j)+V(i);
```

```
        end
    end
    sigma=(sum(sum(Y))/N)^(1/2);
    tao=(sum(U)/(m-1))^(1/2);
    K=(miu-a)^2+(sigma-b)^2+(tao-c)^2;
    if K<1*10^(-9)
        break;
    end
    T=T+1;
end
miu
sigma
tao
T
```

任意取初值,经过多次迭代,都收敛到 $\mu=64.0123$,$\sigma=2.3615$,$\tau=3.4710$,其中,误差控制到 $(\mu^{(t+1)}-\mu^{(t)})^2+(\sigma^{(t+1)}-\sigma^{(t)})^2+(\tau^{(t+1)}-\tau^{(t)})^2<1\times10^{-9}$.

习题 10 解答

10.1 提示:可给出满条件分布

$$\pi(x_2 \mid x_1) \sim N(1,(x_1-1)^{-2}),\pi(x_1 \mid x_2) \sim N(1,(x_2-1)^{-2}).$$

10.2 提示:

$$\pi(\mu \mid \tau,Y) \sim \exp\left\{-\frac{1}{2}(1+n\tau)\left[\mu-\frac{\tau\sum_{i=1}^{n}y_i}{1+n\tau}\right]^2\right\}=N\left(\frac{\tau\sum_{i=1}^{n}y_i}{1+n\tau},(1+n\tau)^{-1}\right),$$

$$\pi(\tau \mid \mu,Y) \sim Ga\left(2+\frac{n}{2},1+\frac{1}{2}\sum_{i=1}^{n}(y_i-\mu)^2\right).$$

10.3 略.

习题 11 解答

11.1 略

11.2 1) 参数设置.

(1) 初始温度 $T_{\max}=2000$;

(2) 终止温度 $T_{\min}=0.01$;

(3) 温度变化率 rate=0.95;

(4) 马尔可夫链长 $a=100\times N$,N 为城市个数.

2) 距离计算函数.计算路径长度函数代码如下:

```
function y=distance(pos,path)
num=size(pos,1);
y=0;
for i=1:num-1
y=y+sqrt((pos(path(i+1),1)-pos(path(i),1))^2
   +(pos(path(i+1),2)-pos(path(i),2))^2);
end
y=y+sqrt((pos(path(num),1)-pos(path(1),1))^2
   +(pos(path(num),2)-pos(path(1),2))^2);
```

3）新解产生函数.新解产生函数代码如下：

```
function y=exhgpath(path)
while 1
Index=size(path,1);
r=unidrnd(Index,1,2);
if r(1)-r(2)~=0
   break
end
end
b=path(r(2));
path(r(2))=path(r(1));
path(r(1))=b;
y=path;
```

4）绘图函数.绘制初始路径的函数如下：

```
function Draw_init(haxes,totalDis_init,init_path,pos)
path=randperm(size(pos,1));  %生成初始解.
a=size(pos,1);
plot(pos(path,1),pos(path,2),'*r')
for i=1:a
  m=num2str(i);
  text(pos(i,1)-1,pos(i,2)-2,m,'Color','b')
end
for i=1:a-1
     pause(0.5)
    line([pos(path(i),1),pos(path(i+1),1)],[pos(path(i),2),
          pos(path(i+1),2)],'Color','r')
    holdon
end
pause(0.3)
```

```
line([pos(path(a),1),pos(path(1),1)],[pos(path(a),2),
     pos(path(1),2)],'Color','r')
holdoff
%plot(pos(path,1),pos(path,2),'*r-')
set(totalDis_init,'String',num2str(distance(pos,path)))
set(init_path,'String',num2str(path))
clearall
```

绘制最优路径函数如下：

```
function
Draw_end(haxes,totalDis_end,T_max,T_min,coolingRating,init_path,
        end_path,pos)
Max_T=str2num(get(T_max,'String'));
Min_T=str2num(get(T_min,'String'));
c=str2num(get(coolingRating,'String'));
path_init=str2num(get(init_path,'String'))';
T=Max_T;
City_Num=size(pos,1);
%path_Init=randperm(City_Num)';
totaldis_init=distance(pos,path_init);
TotalDistance=totaldis_init;
Path=path_init;
BestPath=path_init;  %记录是否是最优解%%%%%%%%%
count=0;
while T>=Min_T
   a=0;
   while a<=100*City_Num
nextpath=exhgpath(Path);
TotalDis=distance(pos,nextpath);
R=rand;
delatDistance=TotalDis-TotalDistance;
if (delatDistance<0 | exp((-delatDistance)/(T))>R)
     Path=nextpath;
     TotalDistance=TotalDis;
     if distance(pos,BestPath)>TotalDis%%%%%%%%%
       BestPath=nextpath;%%%%%%%%%
   end%%%%%%%%%
end
a=a+1;
```

```
count=count+1;
end
T=T*c;
end
plot(pos(Path,1),pos(Path,2),'*r')
if distance(pos,BestPath)<TotalDistance%%%%%%%%%%%
    Path=BestPath;%%%%%%%%%%%
    TotalDistance=distance(pos,BestPath);%%%%%%%%%%%
end%%%%%%%%%%%
for i=1:City_Num
  m=num2str(i);
  text(pos(i,1)-1,pos(i,2)-2,m,'Color','b');
end
for i=1:City_Num-1
   pause(0.5)
   line([pos(Path(i),1),pos(Path(i+1),1)],[pos(Path(i),2),pos
(Path(i+1),2)],'Color','r')
    hold on
end
pause(0.3)
line([pos(Path(City_Num),1),pos(Path(1),1)],
      [pos(Path(City_Num),2),pos(Path(1),2)],'Color','r')
m=num2str(count);
n=['总的迭代次数为:',m]
text(10,10,n);
hold off
set(totalDis_end,'String',num2str(TotalDistance));
set(end_path,'String',num2str(Path'));
clear all
```

参 考 文 献

陈国良,王煦法,庄镇泉,等.1996.遗传算法及其应用.北京:人民邮电出版社.

陈希孺.1989.最小一乘线性回归(上)[J].数理统计与管理,5.

陈希孺.1989.最小一乘线性回归(下)[J].数理统计与管理,6.

冈萨雷斯.2008.数字图像处理(MATLAB版)[M].北京:电子工业出版社.

高惠璇.2006.应用多元统计分析[M].北京:北京大学出版社.

韩中庚.2005.数学建模方法及其应用[M].北京:高等教育出版社.

姜启源.1993.数学模型(第2版)[M].北京:高等教育出版社.

梁艳春,吴春国,时小虎,等.2009.群智能优化算法理论与应用[M].北京:科学出版社.

刘波,王凌,金以慧.2007.差分进化算法研究进展[J].控制与决策,22(7).

茆诗松,程依明,濮晓龙.2011.概率论与数理统计教程(第二版)[M].北京:高等教育出版社.

史峰,王小川,郁磊,等.2009.MATLAB神经网络30个案例分析[M].北京:北京航空航天大学出版社,2009.

司守奎,孙玺菁.2014.数学建模算法与应用[M].北京:国防工业出版社.

Haykin S.2004.神经网络原理[M].叶世伟,史忠植译.北京:机械工业出版社.

Ingle V K,Proakis J G.2012.数字信号处理——应用MATLAB(第三版)(英文影印版).北京:科学出版社.

王凌.2001.智能优化算法及其应用计算[M].北京:清华大学出版社.

吴微,周春光,梁艳春.2009.智能计算.北京:高等教育出版社.

熊德之,张志军.2005.概率论与数理统计及其应用[M].北京:科学出版社.

《运筹学》教材编写组.1990.运筹学(修订版)[M].北京:清华大学出版社.

杨虎,刘琼荪,钟波.2004.数理统计[M].北京:高等教育出版社.

姚天任,江太辉.2010.数字信号处理(第3版).武汉:华中科技大学出版社.

张德丰.2009.MATLAB神经网络仿真与应用[M].北京:电子工业出版社.

张尧庭,方开泰.1982.多元统计分析引论[M].北京:科学出版社.

周开利,康耀红.2005.神经网络模型及其MATLAB仿真程序设计[M].北京:清华大学出版社.

卓金武,魏永生.2011.MATLAB在数学建模中的应用[M].北京:北京航空航天大学出版社.

Holland J H. 1975. Adaptation in Natural and Artificial Systems[M]. Ann Arbor, MI: University of Michigan Press.

Qin Pingli, Fang Guojia, Fan Xi, et al. 2011. Composition-dependent Phase Separation Effects of Organic Solar Cells Using P3HT:PCBM as Active Layer and Chromium Oxide as Hole Transporting Layer[J]. Applied Surface Science, 257:3952-3958.

Eberhart R, Kennedy J. 1995. A new optimizer using particle swarm theory[J]. Proceedings of the Sixth International Symposium on Micro Machine and Human Science, 1:39-43.

附录 A　MATLAB 软件基础知识

A1　MATLAB 基本功能

MATLAB 是 Matrix Laboratory(矩阵实验室)的缩写,是美国 MathWorks 公司出品的商业数学软件. MATLAB 和 Mathematica、Maple 并称为三大数学软件. MATLAB 可以进行矩阵运算、绘制函数和数据、实现算法、创建用户界面、连接其他编程语言的程序等,主要应用于工程计算、控制设计、信号处理与通讯、图像处理、信号检测、金融建模设计与分析等领域,已经成为世界上应用最广泛的数学软件之一,尤其在工程计算领域应用最广.

当前的 MATLAB 包括拥有数百个内部函数的主包和几十种工具包(Toolbox),工具包又可以分为功能性工具包和学科工具包. 功能工具包用来扩充 MATLAB 的符号计算、可视化建模仿真、文字处理及实时控制等功能. 学科工具包是专业性比较强的工具包,包括控制工具包、信号处理工具包、通信工具包等,并且 MATLAB 除内部函数外,所有主包文件和各种工具包都是可读可修改的文件,用户通过对源程序的修改或加入自己编写程序构造新的专用工具包. MATLAB 软件的功能会随着时间的发展和社会的进步越来越强大.

A2　MATLAB 的特点

MATLAB 应用之所以能如此普及,显示出旺盛的生命力,是由于它有着不同于其他语言的特点,MATLAB 利用其丰富的函数资源,使编程人员从繁琐的程序代码中解放出来. MATLAB 最突出的特点就是简洁,MATLAB 给用户带来的是最直观、最简洁的程序开发环境. MATLAB 的主要特点如下:

(1) 语言简洁紧凑,使用方便灵活,库函数极其丰富. MATLAB 程序书写形式自由,利用其丰富的库函数避开繁杂的子程序编程任务,压缩了一切不必要的编程工作.

例如,用 MATLAB 求解线性方程组 $\boldsymbol{Ax}=\boldsymbol{b}$,并求解矩阵 $\boldsymbol{A}$ 的特征值. 用命令得到解为:“`x= A\b`”;设 $\boldsymbol{A}$ 的特征值组成的向量 $\boldsymbol{u}$,只需用命令“`u=eig(A)`”即可. 可见,MATLAB 的程序极其简短. MATLAB 甚至具有一定的智能水平,比如解线性方程组 $\boldsymbol{Ax}=\boldsymbol{b}$,MATLAB 自己会根据矩阵 $\boldsymbol{A}$ 的特性选择方程组的求解方法.

(2) 运算符丰富. 高效的符号计算功能,能使用户从繁杂的数学运算分析中解脱出来. 接近数学表达式的自然化语言,灵活的运算符使 MATLAB 程序变得极为简短.

(3) MATLAB 既具有结构化的控制语句(如 for 循环,while 循环,break 语句和 if 语句),又有面向对象编程的特性.

(4) 程序限制不严格,程序设计自由度大.例如,在 MATLAB 中用户无需对矩阵预定义就可以使用.

(5) 程序的可移植性好,基本上不做修改就可以在各种型号的计算机和操作系统上运行.

(6) 图形功能强大,可以实现计算结果和编程的可视化,同时还具有较强的编辑图形界面的能力.

(7) 功能强大的工具箱是 MATLAB 的另一特色. MATLAB 包含两个部分:核心部分和各种可选的工具箱.功能丰富的应用工具箱(如信号处理工具箱、通信工具箱等)为用户提供了大量方便实用的处理工具.

(8) 源程序的开放性.开放性是 MATLAB 深受人们欢迎的特点.除内部函数以外,所有 MATLAB 的核心文件和工具箱文件都是可读可修改的源文件,用户可通过对源文件的修改以及加入自己的文件构成新的工具箱.

(9) MATLAB 的缺点是,和其他高级程序相比,程序的执行速度较慢.由于 MATLAB 的程序不用编译等预处理,也不生成可执行文件,程序为解释执行,速度较慢.

A3　MATLAB 工作环境

A3.1　搜索路径管理

1. 命令形式设置

(1) path.查看或设置当前的搜索路径.用法:

path(path,p)

path(p,path)

举例:

path(path,'d:\mywork')

path('d:\mcmuse',path)

(2) addpath.添加路径.用法:

addpath dirname　将目录 dirname 放在原有目录的前面

addpath dirname－begin　将目录 dirname 放在原有目录的前面

addpath dirname－end　新增加一个搜索目录,放在原有目录最后

addpth dir1 dir2 dir3 增加多个搜索目录,放在搜索目录最前面

(3) rmpath.删除路径.用法:

rmpath dirname　删除搜索目录 dirname

rmpath dir1 dir2 dir3　删除多个搜索目录

(4) pwd.查看当前指向目录.这个命令的使用方法很简单,没有参数,输入命令后按"Enter"键,就会显示当前绝对路径.

(5) cd.用法:

cd dirname　将 dirname 作为当前目录
cd　返回当前目录
cd..　将当前目录设置其上级目录(有空格)

2. 界面设置

通过菜单 File→Set Path 会打开一个窗口,用于添加、删除搜索路径,可以方便地打开、运行 MATLAB 文件.

A3.2　工作环境管理

1. 菜单方式查看工作空间变量

通过菜单 File→Show WorkSpace 可以显示当前工作环境内的变量.
执行如下命令:
clear all
x=rand(4,2)
通过 open 按钮可以打开变量进行编辑.

2. 命令方式查看工作空间变量

who——显示当前工作空间的变量名;
whos——显示当前工作空间的每个变量的信息;
who global——显示当前工作空间全局变量名;
whos global——显示当前工作空间全局变量的信息.

A4　MATLAB 中的常量、特殊变量与特殊符号

A4.1　常量与特殊变量

i,j:虚数单位,如 3+2i,2+3j,4j+30.其中 i,j 必须是小写字母.
pi:圆周率 3.14159265358979…,必须为小写.
realmax:最大值.
realmin:最小值.
inf:无穷大.
NaN:表示不是一个数值,意思是 Not a Number.
ver 或 version:版本信息.
ans:变量,用于存储当前语句未保存的计算结果.

A4.2　特殊符号

MATLAB 中常用的特殊符号见表 A1.

表 A1　MATLAB 中的特殊符号

符号	说明	例子
:	产生向量,用于循环	V=1:10;v= -1:0.5:2;
,	用于分割命令或元素	
;	命令结束符号,运算结果不显示;用于创建矩阵分行	A=[1 2 3;4 5 6;7 8 9]; B=A^2;

A5　MATLAB 常用函数

1. ones——产生元素均为一的矩阵

用法:

ones(n)——产生 $n\times n$ 矩阵.

ones(m,n)或 ones([m n])——产生 $m\times n$ 矩阵.

ones(size(A))——产生与 A 同样维数的矩阵.

举例:

```
ones(2,4)
```

2. zeros——产生 0 矩阵,用法与 ones 相同

用法:

zeros(n)

zeros(m,n)或 zeros([m,n])

zeros(size(A))

3. length——返回向量的长度,length(x)等价于 max(size(x))

举例:

```
a=ones(1,5)
length(a)
```

4. end——表示 for,while,if 等语句的中断符号,也可表示最后一个元素的索引

如 $\boldsymbol{a}$(end);还可以用 $\boldsymbol{a}$(end+1)来增加元素.

举例:

```
a=[5 4 3 2];
a(end)
a(end+1)=1
a=
5 4 3 2 1
```

5. rand——产生均匀分布随机数

用法:

rand——产生一个在(0,1)之间的均匀分布的数.

举例：

```
rand(2,4)
ans=
    0.0357    0.9340    0.7577    0.3922
    0.8491    0.6787    0.7431    0.6555
```

6. randn——产生正态分布随机数

用法：

randn——产生一个在服从 $N(0,1)$ 正态分布的随机数.

randn(n)——产生一个 $n\times n$ 的服从 $N(0,1)$ 正态分布的随机数矩阵.

randn(m,n)——产生一个 $m\times n$ 的服从 $N(0,1)$ 正态分布的随机数矩阵.

7. find——找出非 0 元素

也可以查找指定条件的元素，并返回元素所在位置索引.

举例：

```
x=[1 5 9 7 2 8];
find(x>5)
    ans=
     3    4    6
```

8. sort——排序

$[\boldsymbol{Y},\boldsymbol{I}]=$ sort($\boldsymbol{x}$)返回索引矩阵 $\boldsymbol{I}$，如果 $\boldsymbol{x}$ 是一个向量，则 $\boldsymbol{Y}=\boldsymbol{x}(\boldsymbol{I})$；如果 $\boldsymbol{x}$ 是个 m 行 n 列矩阵，则有：

```
for j= 1:n,Y(:,j)= x(I(:,j),j);end.
```

9. sprintf——格式化数据输出

与 C 语言中的 printf 函数用法相似.

表 A2　常见的数值处理函数

函数名	功　　能
sum	求和
mean	求平均值
round	四舍五入
fix	向零取整
floor	向负无穷方向取整
ceil	向正无穷方向取整
mod	除法求余(结果与除数同号)MOD(x,y) 等于 $x-y$. * floor(x/y)(y 不为 0). 若 $y=0$，则 mod(x,0)返回 x
rem	除法求余(结果与被除数同号)REM(x,y)等于 $x-y$. * fix(x/y)(y 不为 0). 若 $y=0$，则 mod(x,0)返回 NaN
sign	符号函数当 x 为正时，sign(x)为 1；x 为 0 时，sign(x)为 0；x 为负时，sign(x)为－1

A6　MATLAB 中的向量与矩阵

1. 向量或矩阵元素

(1) 矩阵元素可以是表达式、行(列)向量或者另一个矩阵,单独的矩阵元素可以被函数调用,也可以被其他的矩阵调用.例如,键入

```
x= [2 sqrt(2) abs(- 2) pi]
```

则显示结果为

```
x=
   2.0000    1.4142    2.0000    3.1416
```

(2) 在矩阵中,可以增加另一矩阵或行(列)向量,组成一个新的大矩阵;也可以用":"从大矩阵中抽出部分行、列向量,做成一个新的小矩阵.例如

$$\boldsymbol{A}=\begin{bmatrix}1&2&3&4\\2&3&4&1\\3&4&1&2\\4&1&2&3\end{bmatrix},$$

$\boldsymbol{A}$ 的第 1,3 行和第 1,2 列所构成的子矩阵可用命令

```
D= A([1,3],[1,2])
```

来实现,其结果为

$$D=\begin{bmatrix}1&2\\3&4\end{bmatrix}.$$

2. 构造矩阵

(1) 矩阵赋值.

```
a=1:5  %产生 1 行 5 列的行向量
a=[1:5]'    %产生 5 行 1 列的列向量
a=[ 1 2 3;4 5 6;7 8 9]
a=[…
     1     2     3
     4     5     6
     7     8     9]
```

(2) 从文本文件导入.如存在文本文件 data.txt 文件内容如下:

```
20020101 31 25 30   23
20020101 35 35 40   25
20020101 45 29 60   30
20020101 65 75 80   40
```

使用命令 load 导入，然后保存的变量名则为文件名.

输入：

```
clear all
load data.txt
who
data
```

输出：

```
Your variables are:
data
data=
    20020101        31        25        30        23
    20020101        35        35        40        25
    20020101        45        29        60        30
    20020101        65        75        80        40
```

(3) 从 MAT 格式文件中导入. 文件可以通过 MATLAB 的 save 命令保存. 下面先了解 save 命令.

save fname 将当前工作环境变量保存为名为 fname. mat 的二进制 mat 文件，不要参数则保存到文件 MATLAB. mat.

例子说明：

save fname X　保存变量 X

save fname X Y Z　保存变量 X、Y、Z

save fname X Y Z　－ASCII　保存为 8 位数字的文本文件

save fname X Y Z　－ASCII－DOUBLE　保存为 16 位数字的文本文件.

save fname X Y Z　－ASCII－DOUBLE－TABS　用 TAB 字符分割数据

save fname X Y Z　－V4　以 MAT 格式保存为可用 MATLAB 4 导入的文件

save fname X Y Z　－APPEND 添加到文件中去

输入：

```
clear all
x=rand(3);
y=1:5;
z=[1 3 5;7 9 11;13 15 17];
save mytest x y z
clear all
load mytest
who
```

输出：

```
Your variables are:
x          y          z
```

说明：通过配合 save 和 load 命令可以保存指定变量，这将很方便程序处理，比如有些数据经常要用，则可以保存到文件中，以便以后编程使用.

(4) 特殊函数产生矩阵.

rand(m,n)

rand(n)

ones(m,n)

ones(n)

这些命令前面已有介绍，这里再举例说明其简单应用.

例 1：产生一个在区间[10,20]内均匀分布的 4 阶随机矩阵.

```
>>a=10;b=20;
>>x=a+(b-a)*rand(4)
x=
   19.2181   19.3547   10.5789   11.3889
   17.3821   19.1690   13.5287   12.0277
   11.7627   14.1027   18.1317   11.9872
   14.0571   18.9365   10.0986   16.0379
```

例 2：产生均值为 0.6，方差为 0.1 的 4 阶矩阵

```
>>mu=0.6;sigma=0.1;
>>x=mu+sqrt(sigma)*randn(4)
x=
    0.8311    0.7799    0.1335    1.0565
    0.7827    0.5192    0.5260    0.4890
    0.6127    0.4806    0.6375    0.7971
    0.8141    0.5064    0.6996    0.8527
```

例 3：产生一个 3 阶 Hilbert 矩阵.

```
>>format rat  %以有理形式输出
>>H=hilb(3)
H=
    1        1/2        1/3
    1/2      1/3        1/4
    1/3      1/4        1/5
```

(5) 矩阵变换操作. MATLAB 中矩阵变换操作函数见表 A3.

表 A3　MATLAB 矩阵变换操作函数

函数名称	功　能	函数名称	功　能
fliplr	矩阵左右翻转	flipud	矩阵上下翻转
flipdim	矩阵沿特定维翻转	rot90	矩阵逆时针旋转 90°
diag	产生或提取对角矩阵	tril	提取下三角阵
triu	提取上三角阵		

举例 1：

```
a=[1:3;4:6;7:9]
b=fliplr(a)
c=flipud(a)
d=flipdim(a,1)
e=flipdim(a,2)
f=rot90(a)
```

举例 2：

v 是一个 n 个元素的向量，k 为整数，则

```
a=diag(v)    %将向量 v 的元素放在 a 的主对角线
b=diag(v,k)  %返回方阵 b,b 的大小为 n+abs(k),向量 v 的元素位于 b 的第
             k 条对角线上;当 k>0 时,为主对角线以上,当 k<0 时,为主对
             角线以下,当 k=0 时,结果同命令 diag(v)
```

说明：以上 2 条命令产生对角矩阵.

```
v=diag(x)    %返回 x 的主对角线元素
v=diag(x,k)  %对于矩阵 x,返回向量 v,v 的元素由 x 的第 k 条对角线的元素构成
```

说明：以上 2 条命令提取对角元，产生向量.

举例 3：

```
l=tril(a)    %返回 a 的下三角部分,其余部分为 0
l=tril(a,k)  %返回 a 的第 k 条对角线以下的元素,其余部分用 0 补齐,k=0,结
             果同 tril(a),k>0 位于主对角线以上,k<0 位于主对角线以下
l=triu(a)    %返回 a 的上三角部分,其余部分为 0
l=triu(a,k)  %返回 a 的第 k 条对角线以上的元素,其余部分用 0 补齐,k=0,结
             果同 triu(a),k>0 位于主对角线以上,k<0 位于主对角线以下.
```

A7　矩阵的运算

1. 将行矩阵化为最简型矩阵

在 MATLAB 语言中，调用一个函数 rref( )，可将行矩阵化为最简型矩阵. 如要将矩阵 $\boldsymbol{A}=\begin{pmatrix} 1 & 2 & -1 & 4 & 7 \\ 1 & 2 & 3 & 4 & 3 \\ -1 & 3 & -2 & 4 & 9 \\ 6 & -2 & 7 & 1 & 2 \end{pmatrix}$ 化为阶梯形矩阵，先键入矩阵：

```
>>A= [1 2 -1 4 7;1 2 3 4 3;-1 3 -2 4 9;6 -2 7 1 2]
```

屏幕显示：

```
A=
     1     2   - 1   4   7
     1     2     3   4   3
   - 1     3   - 2   4   9
     6   - 2     7   1   2
```

再调用函数，将化为 $\boldsymbol{A}$ 行最简型矩阵：

```
> > rref(A)
```

结果显示为：

```
ans=
    1.0000        0          0          0          13.3333
    0             1.0000     0          0          27.6667
    0             0          1.0000     0          -1.0000
    0             0          0          1.0000     -15.6667
```

2. 矩阵运算 $\boldsymbol{A}+\boldsymbol{B}$,$3\boldsymbol{B}$,$\boldsymbol{A}\times\boldsymbol{B}$

在 MATLAB 中，矩阵的运算 $\boldsymbol{A}+\boldsymbol{B}$ ，$3\boldsymbol{B}$，$\boldsymbol{A}\times\boldsymbol{B}$，可直接键入算式便可得结果. 在 MATLAB 提示符>>后面键入：

```
>>A=[1    2    3
     4    5    6
     7    8    9];
>>B=[1,3,2;4,3,2;6,4,5];
>>A+B
ans=
       2    5    5
       8    8    8
       13   12   14
>>3*B
ans=
       3    9    6
       12   9    6
       18   12   15
>>A*B
ans=
       27   21   21
       60   51   48
       93   81   75
```

3. 矩阵 A 的 n 次幂求解

求矩阵 **A** 的 n 次幂,可用 $\boldsymbol{A}^n$.

```
>>A=[1 2 3;2 1 3;3,1,6];
>>A^3
ans=
      109  62   225
      110  61   225
      193  107  396
```

4. A 的逆矩阵求解

求 **A** 的逆矩阵,用函数 inv(A).

```
>>A=[1 2 3;2 1 3;3,1,6];
>>B=inv(A)
B=
  -0.5000      1.5000      -0.5000
  0.5000       0.5000      -0.5000
  0.1667       -0.8333     0.5000
```

5. 方阵 A 的行列式求解

求方阵 **A** 的行列式调用函数 det(A)行列式.

```
>>A=[1,3,5;2,4,2;6,3,9];
>>det(A)
ans=
   -94
```

6. 矩阵秩的计算

矩阵秩的计算是调用函数 rank( ).

```
>>A=[-10,4,-6,8;4,-1,6,-2;5,7,9,-6;0,9,6,-2];
>>rank(A)
ans=
    3
```

7. 向量 *a* 的模的求解

求向量 ***a*** 的模可调用函数 norm( ).

```
>>a=[1 2 -3 4]';
>>norm(a)
ans=
   5.4772
```

8. 求线性方程组 $AX=b$ 的解

赋值一个方程组的增广矩阵 B:

```
>> B=[1    2    3    4    1
      0    2    3    5    1
      0    0    3    5    1
      0    0    0    -10  -20
      1    4    9    4    -17]
>>A=B(1:5,1:4);
>>b=B(:,5);  %将系数矩阵与常数向量分离出来
>>x1=pinv(A)*b
>>x2=A\b
>>T=rref(B)
>>X3=T(1:4,5)
```

三种方法都可求得方程组的解

9. 求矩阵的特征值与特征向量

```
>>A=[3 -1 -2;2 0 -2;2 -1 -1];
>>eig(A)'  %转置是为了将特征值写成行向量形式
>>[V,D]=eig(A);
ans=
    1.0000    0.0000    1.0000
V=
    0.7276   -0.5774    0.6230
    0.4851   -0.5774   -0.2417
    0.4851   -0.5774    0.7439
D=
    1.0000    0         0
    0         0         0
    0         0         1.0000
```

10. 求矩阵的 Jordan 标准型

```
>>A=[-1 -2 6;-1 0 3;-1 -1 4]
>>[P,J]=jordan(A)
A=
    -1    -2    6
    -1     0    3
    -1    -1    4
```

```
P=

    -2    4    3
    -1    0    0
    -1    1    1
J=
     1    1    0
     0    1    0
     0    0    1
```

11. 最小二乘法求解

例 1　求下列方程组的最小二乘解：

$$\begin{bmatrix} 1 & 1 \\ 1 & -1 \\ -1 & 2 \end{bmatrix}\begin{bmatrix} x_1 \\ x_2 \end{bmatrix}=\begin{bmatrix} 1 \\ 3 \\ 3 \end{bmatrix}.$$

解　程序如下：

```
>>A=[1,1;1,-1;-1,2]
>>b=[1;3;3]
>>x=A\b
>>x=pinv(A)*b
>>e=A*x-b
norm(e)
```

结果为

```
A=
     1    1
     1   -1
    -1    2
b=
     1
     3
     3

x1=
    1.0000
    1.0000
x2=
    1.0000
    1.0000
```

```
e=
    1.0000
    -3.0000
    -2.0000

ans=
    3.7417
```

12. 求解线性规划问题

例 2　用 MATLAB 求解线性规划问题：

$$\max z = 2x_1 + x_3$$

$$\text{s. t.} \begin{cases} x_1 + x_2 + x_3 \leqslant 4, \\ -2x_1 + x_2 - x_3 \geqslant 1, \\ 3x_2 + x_3 = 9, \\ x_1,\ x_2,\ x_3 \geqslant 0. \end{cases}$$

解　在 MATLAB 键入：

```
>>f=[- 2,0,-1];
>>A=[1,1,1;2,-1,1];b=[4;1];
>>Ae=[0,3,1];be=[9];
>>LB=[0,0,0];UB=inf;
>>[x,]= linprog(f,A,b,Ae,Be,LB,UB)
```

结果为

```
Optimization terminated successfully.
  X=
  0.0000
  2.5000
  1.5000
```

13. 向量点积与向量叉积

例 3　计算向量(−1,0,2)和(−2,−1,1)的点积.

```
>>X=[-1  0  2];
>>Y=[-2  -1  1];
>>Z=dot(X,Y)
```

则结果显示：

```
Z=
  4
```

例 4　算向量(1,2,3)和(4,5,6)的叉积.

```
>>a=[1  2  3];
```

```
>>b=[4  5  6];
>>c=cross(a,b)
```

则结果显示：

```
c=
-3     6    -3
```

14. 矩阵的方根

X=sqrtm(A)　%矩阵 A 的平方根 A1/2，相当于 X*X=A，求 X. 若 A 的特征值有非负实部，则 X 是唯一的；若 A 的特征值有负的实部，则 X 为复矩阵；若 A 为奇异矩阵，则 X 不存在.

[X,resnorm]=sqrtm(A)　%resnorm 为结果产生的相对误差

[X,alpha,condest]=sqrtm(A)

%alpha 为稳定因子，condest 为结果的条件数的估计值.

举例：

```
A= [1 2 0;2 8 0;1 2 4];
X= sqrtm(A)
```

则结果显示：

```
X=
    0.8321    0.5547    -0.0000
    0.5547    2.7735    -0.0000
    0.2774    0.3868    2.0000
```

15. 矩阵和向量的范数

1）向量的范数

命令函数：norm.

常用格式

n = norm(X)　% X 为向量，求欧几里德范数，即 $\|X\|_2 = \sqrt{\sum |x_k|^2}$

n = norm(X,inf)　% 求 ∞ - 范数，即 $\|X\|$ = max(abs(X))

n = norm(X,1)　%　求 1 - 范数，即 $\|X\|_1 = \sum_k |x_k|$

n = norm(X,-inf)　%求向量 X 的元素的绝对值的最小值，即 $\|X\|$ = min(abs(X))

n = norm(X,p)　%　求 p-范数，即 $\|X\|_p = \sqrt[p]{\sum_k |x_k|^p}$，所以 norm(X,2) = norm(X)

2）矩阵的范数

命令函数：norm.

常用格式

n = norm(A)　% A 为矩阵，求欧几里德范数 $\|A\|_2$，等于 A 的最大奇异值

n = norm(A,1)　% 求 A 的列范数 $\|A\|_1$，等于 A 的列向量的 1 - 范数的最大值

n = norm(A,2)　% 求 A 的欧几里德范数 $\|A\|_2$，和 norm(A) 相同

n = norm(A,inf)　% 求行范数 $\|A\|_\infty$，等于 A 的行向量的 1-范数的最大值，即 max(sum(abs(A')))

n = norm(A,'fro')　% 求矩阵 A 的 Frobenius 范数 $\|A\|_F = \sqrt{\sum_i \sum_j |a_{ij}|^2}$，即 sqrt(sum(diag(A'* A)))，不能用矩阵 p-范数的定义来求

A8　数 组 运 算

数组的加减运算与矩阵的加减运算一致，运算符号仍是"+"、"-". MATLAB 还提供了数组的点乘". *"(A. *B 表示 A 与 B 对应元素相乘)、点除". \"、". /"的运算，点乘方". ^"等. 例如，输入

```
X=[1,2,3];
Y=[4,5,6];
```

则当键入命令

```
Z1=x.*y   z2=x.\y  z3=x./y
```

结果如下：

```
Z1=4   10    18
Z2=4.000    2.5000    2.0000
Z3=0.2500   0.4000    0.5000
```

例如，输入

```
X=[1,2,3];
Y=[4,5,6];
Z=x.^y
```

结果如下：

```
Z=1   32    729
```

例如，输入

```
X=[1,2,3];
Z=2.^x
```

结果如下：

```
Z=2   4   8
```

A9　设置输出格式

命令：format.

format 命令控制 MATLAB 的显示输出格式，但不影响其计算与存储.

附表 4　MATLAB 中的输出命令

命令	说明
format short	5 位定点数
format long	15 位定点数
format short e	5 位浮点数
Format long e	15 位浮点数
format short g	最佳 5 位定点数或浮点数
format long g	最佳 15 位定点数或浮点数
format hex	十六进制数
format bank	精确到分(金融格式)
format rat	用有理分式表示
format+	用+表示正数,一表示负数,空格表示为零元素
format compact	压缩额外的空行
format loose	显示变量之间插入空行

A10　程序设计入门

A10.1　变量

1. 变量命名规则

给变量(包括函数)命名时应该遵循以下规则:

(1) 必须以字母开头;

(2) 可由字母、数字、下划线混合;

(3) 变量名和函数名字符长度不超过 31 个字符,如果变量前 31 个字符相等而后面字符不同,则作为同一变量处理.

2. 变量定义

变量并不都需要显示的声明.

(1) 局部变量:在程序中可以定义变量.每个函数体内部也可以定义自己的变量,这些变量如果不用 global 声明,则不能从其他函数和 MATLAB 工作空间中访问这些变量,这样的变量就是局部变量.

(2) 全局变量:如果要使得其他函数和 MATLAB 工作空间使用这些变量,则定义为全局变量,用 global 声明.

全局变量需要在函数体对变量的赋值语句前说明,整个函数以及所有对函数的递归调用都可以利用全局变量.

变量命名建议：变量名尽量反映其含义，如汽车数量用 numcar，捕鱼收入用 incomefish. 局部变量名尽量采用小写，全局变量名尽量大写.

A10.2　基本语句

1. 赋值语句

赋值语句是 MATLAB 中的基本语句. 其结构为：

(1) 变量名列表＝表达式.

例子：

```
a=rand(2,5);
a(1,2)=10*rand
```

(2) 另外一个语句可以只有表达式，而没有变量名列表和等号，这样改语句的结果将自动赋值给 MATLAB 内部变量“ans”.

例子：

```
rand(1,5)
size(a)
```

2. 分支判断语句

1) if 分支判断语句

其通用格式：

```
if expression
statements
elseif expression
statements
else
statements
end
```

比较操作符

相等	小于	大于	小于等于	大于等于	不等于
＝＝	＜	＞	＜＝	＞＝	～＝.

逻辑操作符

名称	表示符号
与(and)	&
或(or)	|
非(not)	～

例子：

```
grade=input('请输入你的成绩',0,[0 100]);
if grade>=90
  sprintf('成绩优异')
elseif grade>=80 & grade<90
  sprintf('成绩优秀')
elseif grade>=60 & grade<80
  sprintf('成绩中等')
else
  sprintf('居然还没有及格')
end
```

2）switch 分支判断语句

switch 语句的通用格式：

```
switch_expr
case_expr,
statement,…,statement
{case_expr1,case_expr2,case_expr3,…}
statement,…,statement
…
otherwise,
statement,…,statement
end
```

例子：对输入的成绩进行判别

```
grade=input('请输入成绩',0,[0 100]);
grade=fix(grade/10)
switch grade
case {9,10},
sprintf('成绩优异')
case {8},
sprintf('成绩优秀')
case {6,7},
sprintf('成绩一般')
otherwise,
sprintf('还没有及格')
end
```

3. 循环语句

1）for 语句

通用格式：

```
for variable=expr,statement,…,statement
end
```

例子：构造一个 5 行 4 列的矩阵，并赋值.

```
for i=1:5
   for j=1:4
     m(i,j)=i*100+j;
   end
end
```

2）while 语句

通用格式：

```
while expression
  statements
end
```

例子：将输入的字符串反序.

```
str=input('请输入字符串:','s')
tmpstr=str;
i=1;
len=length(str);
while i<=len
     str(len-i+1)=tmpstr(i);
     i=i+1;
end
```

A10.3　MATLAB 程序 m 文件

MATLAB 程序一般保存为扩展名为 m 的文件，这类文件分为两类，即脚本文件和函数文件.

脚本：在 MATLAB 中即不接受输入参数，也不返回参数的 m 文件称为脚本，这类文件中没有函数申明，它是一些 MATLAB 函数和命令的组合.

脚本可以直接在 MATLAB 环境下执行，它可以访问整个 MATLAB 工作空间种的变量，而脚本中的变量在脚本执行完后仍然保留在工作空间中，并能被其他脚本所引用，直到用 clear 命令清空.

比如建立脚本文件 mypro1. m，其内容如下：

```
num=input('输入一个正整数:')
s=0;
```

```
for i=1:num,
  s=s+i;
end
s
```

本脚本功能是输入一个正整数,赋值给 num,然后计算 1 到该正整数的所有整数的和,并将结果保存到变量 s 中.

注意:MATLAB 工作空间中的变量要被函数所引用,必须申明为全局变量,且全局必须在使用前就要申明,语法为:

```
global varname1 varname2 …
```

例子:

文件:

```
temp1.m
global t1
t1=[1 3 5 7]
```

文件:

```
testfun.m
function r=testfun(num)
global t1
  r=t1*num
```

运行:

```
clear all
temp1
t1=
   1     3     5     7
testfun(2)
r=
   2     6    10    14
ans=
   2     6    10    14
```

A10.4 函数语法结构

函数同其他高级语言一样,是 MATLAB 语言的重要组成部分. MATLAB 除了内部函数外,还有各种工具箱中的函数,这些函数都以 m 文件给出,以便调用.

下面以一个例子来说明 MATLAB 函数的语法. 下面是文件名为 mean. m 的内容.

```
function y=mean(x,dim)
%MEAN Average or mean value.
%For vectors,MEAN(X) is the mean value of the elements in X. For
%matrices,MEAN(X) is a row vector containing the mean value of
```

```
%each column.  For N-D arrays,MEAN(X) is the mean value of the
%elements along the first non-singleton dimension of X.
%
%MEAN(X,DIM) takes the mean along the dimension DIM of X.
%
%Example:If X=[0 1 2
%              3 4 5]
%then mean(X,1) is [1.5 2.5 3.5] and mean(X,2) is [1 4]
%See also MEDIAN,STD,MIN,MAX,COV.

%Copyright 1984-2001 TheMathWorks,Inc.
%$ Revision:5.16 $   $ Date:2001/04/15 12:01:26 $

ifnargin==1,
    %Determine which dimension SUM will use
dim=min(find(size(x)~=1));
ifisempty(dim),dim=1;end
    y=sum(x)/size(x,dim);
else
    y=sum(x,dim)/size(x,dim);
end
```

mean 是 MATLAB 用于统计的一个函数.第一行为函数的声明,函数语法为:

function [返回参数列表]=函数名(输入参数列表)

mean 的返回参数为 y,可以用中括号将 y 括起来.输入参数为 x 和 dim,nargin 和 nargout 为 MATLAB 的内部变量,分别表示输入参数个数和输出参数个数.由于有些函数要进行参数个数检查或在一些函数实现时参数个数不确定,因此要借助这两个变量进行程序算法设计和控制.百分号(%)用于注释,%后的字符串表示注释文本.

A10.5　函数编写示例

例:求任意两个自然数之间(包含两个自然数)所有自然数的和.

输入参数 2 个,输出参数 1 个,即返回和值.

函数名这里取为 sum2,函数名要有一定意义,以便于记忆,而且不要与系统内部函数相同,可以通过"help 函数名"看一下改函数名是否为系统函数.

```
function r=sum2(n1,n2)
%sum2 求任意自然数 n1 和 n2 之间(含 n1 和 n2)所有整数的和
if n2>=n1,
    r=(n2-n1+1)*(n1+n2)/2;
else
```

```
    r=(n1-n2+1)*(n1+n2)/2;
  end
```

输入：

```
  sum2(1,100)
  ans=
      5050
```

A11　二 维 作 图

1. 线性坐标平面图

(1) plot(Y)：根据 Y 的索引建立平面图，其横坐标向量等于 1:length(Y)，如果 Y 为虚数，则等价于 plot(real(Y),imag(Y))．其他情况下作图，则忽略虚部．

(2) plot(X,Y)：X 作为横坐标，Y 作为纵坐标，画平面图．

(3) plot(X,Y,S)：第 3 个输入参数 S 为字符串选项，该字符串由 3 组字符组成，分别为颜色、数据点形状、连接线形状，字符不分大小写，选项内容不论次序．

(4) plot(X1,Y1,S1,X2,Y2,S2,X3,Y3,S3,…)：将多组数据画在同一张图上．

附表 5　命令 plot(X,Y,S)中参数 S 字符串中字符说明

颜色	说明	数据点形状	说明	连接线	说明
y	黄色	.	点号	—	实线
m	洋红色	o	圆圈	:	点线
c	蓝绿色	x	叉号	—.	点划线
r	红色	+	加号	——	虚线
g	绿色	*	星号		
b	蓝色	x	小正方形		
w	白色	d	菱形		
k	黑色	v	下三角		
		^	上三角		
		<	左三角		
		>	右三角		
		p	五角星形		
		h	六角星形		

2. 对数坐标曲线

semilog$x$，semilog$y$，loglog 均用来绘制二维对数坐标曲线，其调用参数同 plot，主要区别在于坐标的显示不同：

```
x=1:0.2:100;
y=abs(sin(x));
semilogx(x,y)
pause
semilogy(x,y)
pause
loglog(x,y)
pause
grid on
```

3. 给图形标注

函数：

title

xlabel

ylabel

调用格式：

```
xlabel ('text')
            %添加 text 到当前坐标轴的 X 轴旁边,'text'为要添加的字符串文本
xlabel('text','Property1',PropertyValue1,'Property2',PropertyValue2,…)
            %除了指定显示的文本外,还可以指定其属性,如字体大小,颜色等等;
H=xlabel (…)  %返回该标签的图形句柄
```

4. 图形窗口分割

函数：

```
subplot(m,n,p)
```

% 将当前图形窗口分割成 m 行 n 列个坐标轴,p 指定为当前坐标轴.用户可以在一个窗口上建立多个坐标轴图形.

例子：

```
x=-2*pi:0.1:2*pi;
subplot(2,3,1)
plot(x,sin(x))
subplot(2,3,2)
plot(x,sin(x+x))
subplot(2,3,3)
plot(x,2*sin(x))
subplot(2,3,4)
plot(x,sin(x)+2)
subplot(2,3,5)
plot(x,3*sin(x/2))
```

输出图形见图 A1.

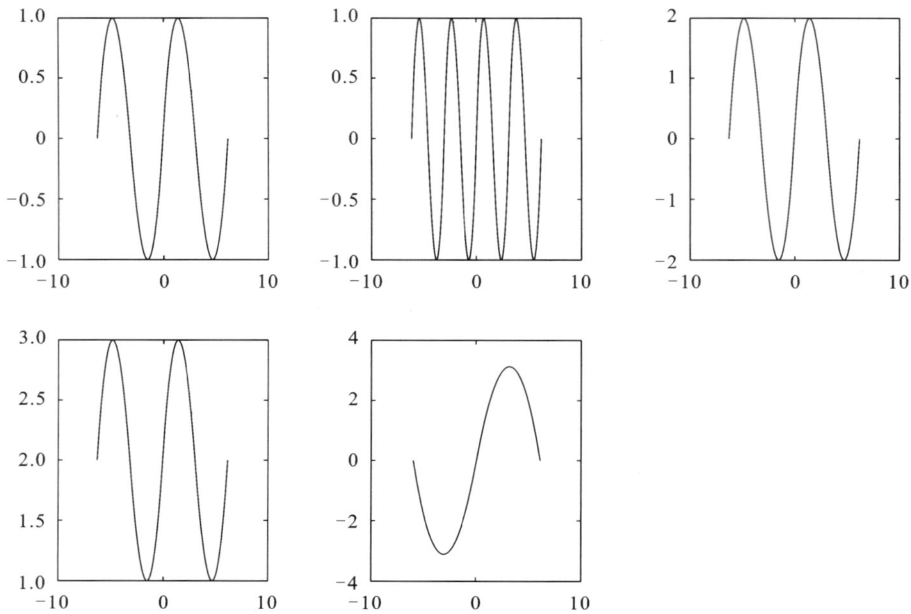

图 A1　使用函数 subplot(m,n,p)在一个窗口建立多个坐标轴图形

5. 坐标系调整

调用格式：

```
axis([XMIN XMAX YMIN YMAX])   % 设置坐标系,显示数据范围,达到进行缩放比例的目的
```